JN302308

テレビジョン・クライシス

視聴率・デジタル化・公共圏

水島久光

せりか書房

テレビジョン・クライシス　目次

序章

メディア・コンタクトとは何か

広告費に表れたマス・メディアの衰退

毎年二月後半、電通から『日本の広告費』が発表されます。この統計は内閣府が発表するＧＤＰ（国内総生産）とは異なった角度から日本の経済動向を読むことができる、もうひとつの指標として重宝がられてきました。それは「広告」というものが立つ社会的な位置――マクロな経済社会と、人々の日常生活をつなぐものであることを、よく表しています。

二〇〇七年度の『日本の広告費』に関する報道は、二つの点から、否応なく〝広告を支える、メディアの世界〟が変化したことを私たちに印象づけるものでした★01。その一つは、ついにインターネット広告の市場規模が、雑誌広告費を超えたことです。これまで広告業界では、テレビ、新聞という上位二媒体に、雑誌、ラジオを加え、これらを「マス四媒体」と呼んで特別視してきました。それは広告業界だけでなく、メディアに関わるさまざまな人々が認めてきた暗黙の前提のようなものといえるかもしれません。しかしここにネットが入り込むとなると、こうした分類概念が前提を成さなくなってきます。雑誌やラジオは、いまだ「マス」メディアとして機能しているのだろうか……新聞は、そしてテレビは？　そもそも「マス・メディア」とはそれほど特別なものなのだろうか、と。

★01『日本の広告費』
毎年二月に電通から発表される、前年一月から一二月までの日本国内の総広告費と媒体別・業種別広告費の推定値。一九四七年開始。媒体社や広告会社を対象にした調査に基づく推定のため、算出範囲をどのように定めるかは、今日のようなメディア環境の激変期においては極めて重要である。こうした調査を第三者機関ではなく、業界内の一企業が行うことの是非はもっと問われるべきではないだろうか。 http://www.dentsu.co.jp/marketing/koukokudata.html
☆図01 参照

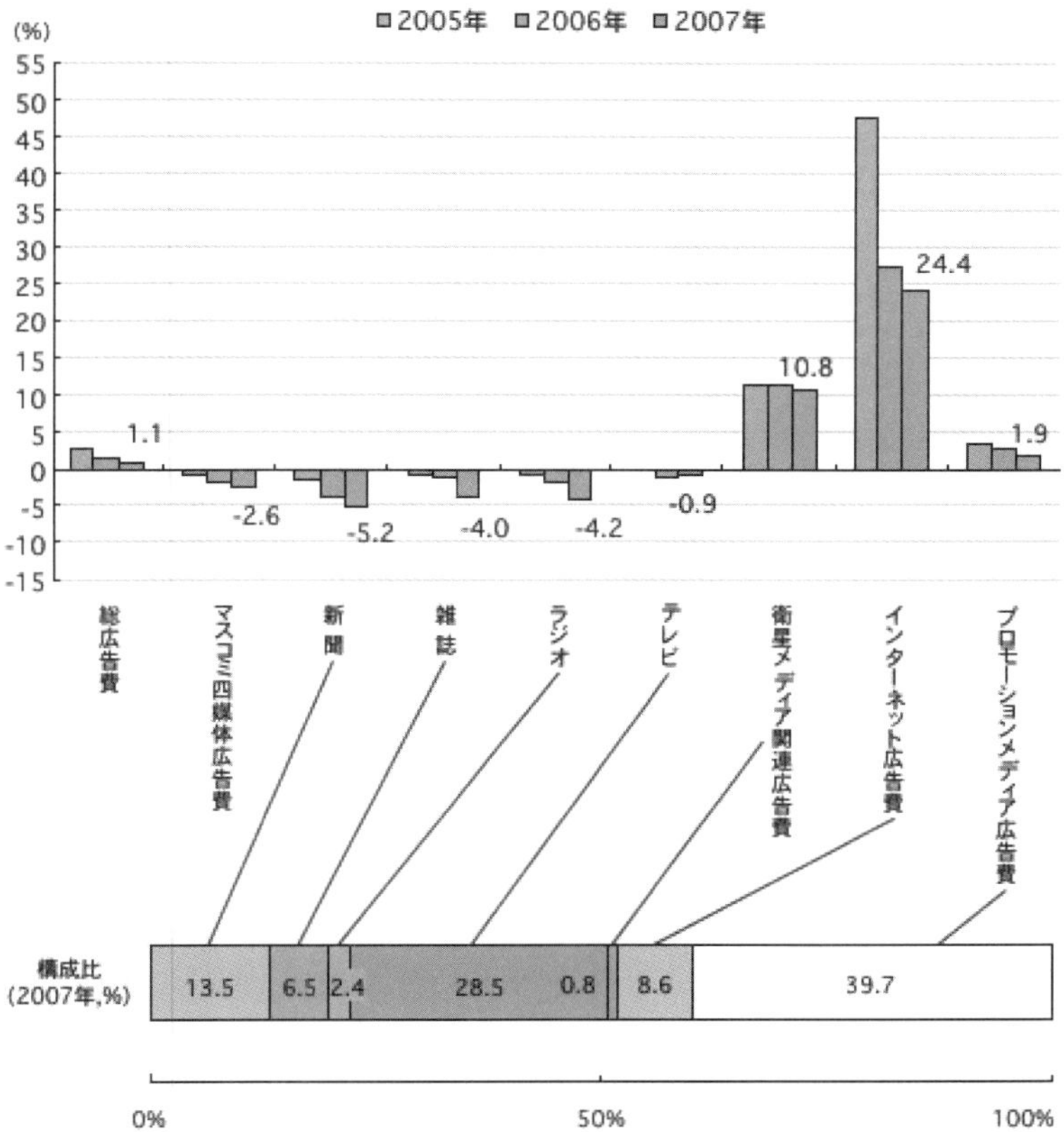

図01 『日本の広告費』（媒体別広告費の伸び率）

上位にあるテレビ、新聞の広告費も、三年連続で前年対比マイナスとなりました。「マス四媒体」の広告費の長期低落傾向は、ほぼ決定的に見えます。一時的に歯止めがかかったようにみえても、たとえばそれは二〇〇四年のテレビのように、アテネオリンピック絡みの特需に支えられたものだったりして、全体的な流れに抗するものになってはいません。「マス」以外も含めた広告費全体は、なんとか前年対比わずかにプラス（一〇・一％）を維持し、報道でもそれが強調されていますが、そのことがかえって〝広告市場の見かけの安定の陰で、メディアの構造変化がおこっている〟ことを印象づける結果となってしまったようです。

今回の発表におけるもう一つの大きなトピックは、一九八五年以来（発表は一九八七年）約二〇年ぶりに広告費の算定基準が大規模に改訂されたことです。広告費全体を構成するさまざまな分野において、算定する対象項目の追加・見直しが行われました。その多くが、「マス・メディア」以外に、「広告を支える世界」が広がってきていることを示しています。具体的には「専門誌、地方発行雑誌」「新しい屋外広告（屋外ビジョン・ポスターボード）」「空港・タクシー」「フリーペーパー」「インターネット広告制作費（特に、キャンペーンサイト制作費など）」が二年前（二〇〇五年）に遡って、新しく統計に加えられました。

一九八五年ごろといえば、通信の自由化や「ニューメディア」ブーム、衛星放送やビデオの普及などが話題となったことが思い出されます。このときの広告費算定基準の改訂では、こうしたタイプの新しいメディアを視野に入れ、さらには制作費の算入、ＳＰ（セールスプロモーション）メディアという概念の導入がなされました。これらは、いわば広告会社の扱い媒体の種類とその業務の拡大という実態に、統計を沿わせるようにしたものでした。しかし今回（二〇〇七年度）の改訂には、その延長ではなく、むしろ異なる段階に入ったような印象すら受けます。つまりもはや「広告」は「マス」はおろか、あらゆる既存のメディアビジネスの範囲を超出しはじめているのです。

今日、マス・メディアの衰退は、デジタル・メディアの急激な普及・浸透との対比で語られることが一般的になっています。しかし、この『日本の広告費』を見ると、メディアの構造変化は、〝マス・メディア対デジタル・メディア〟の二項関係、すなわち〝インターネット広告が、テレビのシェアを奪う〟といった単純な競合関係に回収されることではなく、もっと広範な生活世界全体を覆う情報の流れの変化として表れています。

確かにインターネット広告の伸びは際立っています。しかし、この伸びは、決してこの分野が安定的に確立されたことを意味してはいません。広告媒体としてのインターネットの状況はいまだ不安定で、毎年のように新しい手法が生み出されては消えて行っています。それはこの世界が、まだテクノロジーの進化の過程にあることを表しています。

一方業界は、インターネット以外の分野でも新しい広告手法を生活のそここに発見し、今回の統計ではそれらを算定対象として一気に取り込みました。このことはインターネットだけでなく、私たちの生活世界そのものが、新たなテクノロジーの浸透とともに、メディア機能を果たすものに組み替えられていることを示してはいないでしょうか。

「マス」の時代としての二〇世紀

「広告」の起源は、ギリシャ時代にまで遡れるという話もあります。しかし、それがひとつの産業分野として形作られたのは、二〇世紀になってから、すなわち新聞の拡販やラジオの登場など、「マス・メディア」がその姿をはっきり現すようになってから、といえます。言い換えればこのことは、「マス・メディア」が機能する経済的基盤を「広告」が与え、反対に「広告」が、その市場を「マス・メディア」によって与えられるという相互関係の成立を意味しています。

さらに言えば、この関係は「資本主義」という経済環境の驚異的な広がりとともに生まれました。そして、二つの世界大戦、グローバルな大衆消費文化の浸透……。「マス・メディア」が成長し、特権的な地位を得るに至ったその過程は、こうした社会全体の、もしくは経済、政治、文化各領域に現れる「マス」化という大きな潮流の一局面として理解することができます。

「マス」であるとは、いったいどういった状態をいうのでしょうか。〝Mass〟ということばの意味は、もともとは「大量の」「多数の」「集団の」といった物質的かつ量的なニュアンスから来ているようです。そこから「大衆」という人々の群れ、あるいは塊に対して、このことばがもっぱら用いられるようになったのは、近代以降こうした人間集団の現われが特に目につくようになったことによるといえるでしょう。つまり、「マス・プロダクション」、「マス・カルチャー」、そして「マス・メディア」といった、「マス」と結合したことばによって表されることがらは、いずれもこの物質的かつ量的に表象される人間の姿を媒介にして、存在しているということができます。

しかし「大衆」としての「マス」は、単に量的な大きさを表すだけではありません。人々の群れが物質的巨大さをもって現れるということは、すなわちその群れを成す個々の人間の差がみえなくなる——故に無名となるという質的な特性も、同時に立ち現れてくることでもあります。それは、何ゆえに起こるのでしょうか。

それは、この「マス」という状態が単に静的に巨大であるのではなく、つねにダイナミックに拡張しているということによります。この拡張こそが、その群れの中に生きる「われわれ」から個々の名を奪い、全体の動きに従属する客体としての地位に押しとどめさせる圧力として働いていると考えられるのです。ではこの「拡張」というモードの源泉は、どこにあるのでしょうか。それは——経済的な観点から言えば、拡大再生産を指向する資本主義的生産様式のメカニズム自体に内在していることがよく知られています。しかしそれだけではありません。「メディアなるもの」の特性の中にも、それを見出すことはできます。

メディアは「マス」の規模に達するずっと前から、一貫して「時間」と「空間」の拡張、すなわちその限界の克服を私たちにもたらしてきました。「われわれ」はメディアを介してコミュニケーションを行うことで、「声」の届く限界や、人間の物理的な移動可能距離を越えて、異なる「空間」をつなぐことができるようになりました。またメディアに記録することによって、次々と過去になっていくかつての現在を、新たに訪れる現在につなぎ、またそれを未来に残し、人間の一生という、限られた「時間」を乗り越えていくことも可能にしてきました。

このように内在する「拡張」への指向性が解き放たれて、再帰的にそれ自身をも拡大させていった結果できあがったものが、二〇世紀に前景化していった「マス・メディア」であり、「マス・プロダクション」の体制であるといえます。また、その中に組み込まれる「われわれ」においても、そうした指向性は内面化し、その結果、文化現象はことごとく「マス・カルチャー」として生産され、「マス・マーケット」を流通するという社会ができあがっていったのです。

こうして考えると「広告」は、単に「マス・メディア」と相互に支えあってきただけではなく、「マス・プロダクション」や「マス・カルチャー」、さらにはグローバルな政治体制の確立とともに、その規模を拡大してきたものであることがわかります。そうなると、今日の「広告と、それを支える世界」の構造変化は、当然メディアの世界に閉じたものではなく、自らをして「マス」たらしめていった、私たちの生活世界全体に関わる問題であると見なすことができるでしょう。

マス・メディアの完成体としてのテレビ

いかに構造の変化がそこに露呈するようになったといっても、いまだ『日本の広告費』の中心にテレビがあることについては、誰も否定することはできません。確かにテレビは、統計上はこのところ前年割れが続いてはいますが、それでも他のマス媒体に比べると落ち込みはわずか一～二％の範囲であり、いまのところなんとかまだ、圧倒的な規模を維持し続けてはいます。

テレビはなぜ、そうした規模を獲得することができたのでしょうか――実はこの問いに対して、私たちはまだ、はっきりとした答えを持っていません。いやむしろテレビは、誕生以来この五十数年、それを問う間もなく走りつづけていった印象があります。しかし今日、デジタル・メディアの攻勢、若者のテレビ離れ、そして一種の流行にまでなりつつあるテレビ・バッシング……吹き荒れる、さまざまなテレビに対する逆風ムードの中で、一転してテレビは、「黄昏」を迎えた存在であるかのように言われています。しかし、本当にそうでしょうか。そもそも〝テレビとは何か〟を問う前に、これだけ巨大であった存在を、いとも簡単に捨て去ってしまうことができる、私たちのこの感覚とは、何なのでしょうか。

ここで、「マス」化の源泉となる拡張への指向性が、メディアそのものに内在していたということの意味を、もう一度考えてみることにしましょう。メディアは、段階を追って順次より巨大になっていったといえます。新聞や雑誌といった活字メディアの大衆化のあと、一九二〇年代にラジオが現れ、そしてそのメディアの主役の座を一九六〇年代にあっという間にテレビが抜き去っていきました。こうした世代交代のめまぐるしさを見ると、より巨大なる「マス」を指向する力が、それを叶えてくれる技術を選び、乗り換えてきた歴史にもみえてきます。そう考えると、テレビが捨てられるかもしれない可能性は、テレビがそもそも選ばれたその理由の中に内包されていたことになります。

しかし、この世代交代には慎重に向き合う必要があります。新聞からラジオへ、ラジオからテレビへ、主役が移っていくに従って、確かに「マス・メディア」と接する人々の数は増えていきました。しかし、新聞やラジオにしても、利用者の規模を獲得するという点において固有の限界があったわけではありません。むしろ、より効率的に利用者を獲得することができるメディアへと、主役が移っていったと見たほうが正しいかと思います。

では、その効率性とは何でしょうか。効率的に利用者を獲得するためには、より自然に、利用者の方からメディアに接近していくことを促す、そうした「力」をメディア自身が持つ必要がありました。ここでは、それを三つの観点から考えてみましょう。

そのひとつに、「情報量」があるといえます★02。情報をいかに的確に伝えるかは、そのメディアが伝送可能な情報量と深く関係しています。情報量が大きければ、そのメディアで扱うことができる表現形式も、それに合わせて可能なものが選ばれるという側面があります。コンピュータのファイル容量を考えればわかるように、文字より音声、音声より動画像のほうがいわゆる情報量は大きくなります。情報量の大きさは一見よりリアルな情報を、もしくはわかりやすさを与えるように思えますが、その反面、秩序なく盛りこむと、偶然性や複雑さを生みだし、情報を的確に伝える機能は逆に減退してしまいます。

★02　情報量
情報量とは、データそのものの量ではなく、そのデータが表す事象がもつ意味を量的に表したもの。A/notA の意味差を基礎に、バイナリ（二進法的）コードによって表すことができる。あることがらが確率的に「めったに起こらないこと」（例えば冬に雪が降るより、夏に雪が降るということ）を示す場合、情報量が大きいということになる。つまり選択の可能性が大きくなる方が情報量は大きく、本書との関係で言えば、情報量の大きさは解釈の多様性を広げることになる。

「情報を届けるリーチの広さ」もその力のひとつです。これはそのメディアの物質性や情報の発信の仕方と関わります。紙媒体である新聞は読者との一対一の強い向き合いを要求しますが、音声や映像を中心とするメディアは同時に多数の利用者との向き合いを可能とします。しかしその一方で、横耳で聞いたり、一瞥したりというメディアとの弱い触れあい方も生みだし、多様な情報の受け取り方を許容するようにもなります。

最後に——これは前の二つの意味と深く関係しているのですが、「表現形式の多様さ」も重要です。表現のヴァリエーションの豊かさは、理解しやすさを促すだけでなく、表現されたことがらとの接点をも増やすことにもなります。古いメディアはすべからく新しいメディアに飲み込まれていくとよくいわれますが、テレビは、まさしく映像だけでなく文字情報（テロップや文字放送）、音声情報（副音声など）もその中に取り込んでおり、その点において他のメディアを凌駕しているといえます。

こうして見ていくと、メディアと人々の間を近づける「力」は、そのメディアの物質性や、扱いうる表現形式、そしてそれらによる情報の受け渡し方の強度など、さまざまな要因によって構成されていることがわかります。とともに、それらの要因はいずれも単に大きければいいというものではなく、容易に反対に作用しうる可能性も秘めています。故に、それを増大させるとともにコントロールする技術のありようが、「マス」化を指向する度合いが高まるにつれて重要になってくるわけです。

テレビが一九五〇年代に私たちの社会に現れ、瞬く間に、一〇年もたたない間に数々のメディアの代表格に上りつめ、そして以降約五〇年にわたりその地位を守ることができたのは、かの「力」とそれに対するコントロールのバランスが、相当なレベルでうまくいったからではないでしょうか。テレビの有する高い次元の技術は、ある意味〝完全なるマス〟の実現に接近したのだといえます。

テレビの自殺か!?

それはテレビがオーディオとヴィジュアルが共起するメディアとして、私たちの視聴覚を覆うかのように発達していったことと深く関係しています。テレビが電波を介して送信する情報量の大きさが可能にした、さまざまな視聴覚表現形式は、私たちの異なった感覚を同時に呼び覚まします。とりわけ映像と音声という極めて情報量の大きな刺激が同時に与えられると、そこには日常的な空間に近い身体感覚が生起します。これこそがテレビが生み出すリアリティや臨場感の認識的源泉といえます。

さらにテレビは、リアルタイムでありかつフローなメディアとして発達してきました。現実社会が共有する時間秩序に従って、一回きりの情報を配信することに対して、それをその流れるままに従って受容するという態度が人々に形成されていきます。さらにそこに、その時間共有を支えるさまざまな指示詞——たとえば時計、発せられることば、映される映像が、視聴覚表現の中に盛りこまれ、そうした状況の自明性が強化されてきたわけです。こうした時間的磁場の明確化が、「編成」「編集」という情報理解を促す分節秩序を階層的にテレビの中に確立させ、わかりやすくものごとを伝える「番組」という認識枠組みをつくりだしていったのだといえます。

　こうしてみると、テレビは単に情報を送り放つ装置に留まるものではなく、その利用者（すなわち視聴者）の、このメディアに向き合う位置を決定づけるメタ情報とともに、自らの機能を再生産してきたシステムであったということができます★03。こうしたメタ情報は、メディアによって伝達される情報内容を読み取るための一種の認識枠組みとして、ある意味どのメディアにも付与されているものではあります。たとえば新聞では、国際、経済、スポーツ、社会といったカテゴリーの順位が定められ、それにあわせて紙面が振り分けられています。また同じ紙面の中でもテキストは大見出し—小見出し—本文といった序列に従って構成されています。

　しかし、こうした他のメディアのメタ情報とテレビのそれとは、根本的に性

★03　メタ情報
「メタ meta」とはもともと「高次な〜」「超〜」などの意味をもつ接頭語。一般には、その対象そのものではなく、その対象の置かれた状況や形式、前提など、その対象「について」のことがらを指す。本書では類似の意味で、「メタ言語」「メタ選択」「メタデータ」などのことばを用いているが、おのおの「言語の使用状況についての言語」「選択を可能にする選択」「データに関する付帯情報を成すデータ」などの意味をもつ。

質が異なっています。新聞の場合、メディアと利用者(読者)の間には一定の距離が前提とされており、よって接近の都度、その理解を助けるよう、メタ情報が習慣や読み書き能力のレベルに働きかけるよう配されています。しかしテレビの場合は、こういった距離があらかじめ無効になるように、無意識のレベルでメタ情報が働くように仕込まれてきたのです。

テレビは複数の感覚を共起させることによって、リアルな環境認識に近い、空間に包み込まれる身体感覚をつくり出し、さらにリニアな時間秩序に従うことで、社会的な一体感を生成してきました。こうして生み出された飽和、あるいは安息感によって、テレビとそれを利用、すなわち視聴する人々との距離は意識の上からは失われ、その関係性は自明化することになります——このことによって「マス」化は着実に進行していきます。

ところで、すでに確認したように、「マス」は単純に巨大であるだけでなく、その本質は「拡張」に向かうダイナミックな指向性にありました。そうなると、テレビのメタ情報が生み出すこの安息感への到達は、皮肉なことにこの「拡張」を指向する動きを止めてしまうことにもなります。この距離を失った状態は、「マス」性の到達点であると同時に、「マス」性を失わせる臨界点でもあったのではないでしょうか——こうした推論から、今日のテレビの「黄昏」を説明することはできないでしょうか。

もしそうだとすると、テレビの普及が一〇〇％に接近した一九六〇年代から、その地位に陰りが見えないとおかしいことになります。しかし実際はそうではなく、テレビの特権的地位は保持されつづけてきました。それは何故でしょうか。それを説明するためには、テレビがこの世界に登場して五十数年の間に、その存在の仕方、とりわけ利用者をこのメディアに引きつけるメカニズムを、自ら変化させてきた可能性について考えてみる必要があります――つまり先に述べたテレビ特有のメタ情報の機能は、その初期はまだ前景化していなかったのではないか、と。

初期のテレビはその圧倒的情報量と初めて体験する社会的一体感によって、かなりの物理的強さをもって人々の目を引きつけていたのではないかと想像できます。そしてそれは徐々に、その表現形式の確立とともに、送られてくる映像と音声がもつ形式的特性（先のメタ情報）に――一九八〇年代以降は一気に、その座を明け渡していくのです。

メッセージの次元、コンタクトの次元

このように考えていくと、今日のテレビの黄昏を憂うる言説がなぜ流布されているのか、なぜデジタル技術の普及とともに「マス・メディア」全般が危機

に瀕したような様相が現れたのかという問題は、相補的な二つの問いに整理できるように思います。

①「マス」化に向かう社会全体の動きは、今はどうなったのか

近代のはじまりとともに、さまざまな領域で徹底的に追及されてきた「拡張」に向けた指向性は、今も同じように続いているのでしょうか。「マス・メディア」という存在も、「マス」化という社会全体を覆う動きの一面だとするならば、そしてもしそれが社会的に衰退に向かっているとするならば、当然メディアだけがその流れに逆らうことはできません。

②テレビが私たちを引き付ける力は、今日、機能しているのか

今テレビは、数あるメディアのワン・オブ・ゼムという選択的地位に落ち込んでおり、かつてのような絶対的ポジションにはないと見なされています。それでも相変わらずテレビは利用者（視聴者）に距離を意識させないようなメタ情報を発しているとするならば、ある意味それが機能しない新たな状況は、テレビが存在する空間とは別のところに生み出されていると考えることができます。

デジタル技術の普及・浸透という現実は、既存マス・メディアとの直接的な対立の構図においてではなく、こうした問いとの関連で議論すべき問題なのではないでしょうか。メディアは私たちの存在を取り巻く環境と、その中にお

いて生きざるを得ない「われわれ」との、情報次元における関係を取り持つ手段であり、かつそれ自身が環境をなすものなのです。つまり少々乱暴にいうと、動物ならばその身体に帰属する感覚器官のみで認識し得た環境の中で生きることができますが、人間はそうはいきません。人間は人工的な認識手段によってのみ知りうる広大な時空間（これを「世界」と名づけました）を環境とし、またその環境自体をも人工的に生産するという関係性の中に生きています。その関係性を司る認識ないしは生産の手段としてメディアを位置づけること——そうしたアプローチをとらなければ、メディアの生成や衰退といった変化そのものを射程に入れた議論をすることはできません。

テレビに絞るならばそのことは、〝テレビが何を伝えてきたか〟という問題を成り立たせる前提としてのメタ情報の様相を問うことになります。すなわち〝「われわれ」がテレビとどう接してきたか〟〝「われわれ」の生活の中でテレビとはどのような存在であったのか〟〝「われわれ」はテレビとどう暮らしてきたのか〟といった側面に注目して論じることになります。

〝テレビが何を伝えてきたか〟という問いの次元を、この本では「メッセージ」レベルの問題と考えます。それに対して、ここに挙げたような問いは「コンタクト」あるいは「接触」の次元にあるということができるでしょう。どうやら既に見てきたように、テレビが約五〇年前に急速に支持を獲得し、そしてその特権的な地位を維持しつづけ、しかし今、その地位がまた急激に脅かされているという一連の流れは、どうもその「接触」形態の特殊性に秘密がありそうです。そして、今日焦眉の問題であるデジタル化という流れとどう向き合うかという点についても、この視座が、私たちを有効な答えのありかに導いてくれるように思います。

この二つの次元は、哲学的な概念をもちだすならば、「内容」と「形式」の関係に対応するものといえます。もちろんここでは「形式」が「内容」を、すなわち「コンタクト」が「メッセージ」を決定づける（か、否か）などといった単純な議論をするつもりはありません。私たちが問いの対象としているメディアというものの性質、すなわち異なる二つ以上の存在の関係を媒介するというような機能、あるいは動態を捉えようとするときには、どうしてもそれによって運ばれたメッセージの「内容」からよりも、その存在の「形式」的な特性に光を当てることによって見えてくることの方が大きいのです。とりわけ「マス」化という「拡張」への指向に目を凝らすとき、その特性はもっぱら「形式」の次元に表れてきます。この指向性が、コミュニケーション機能の物質的な固定化を促し、この物質性が、コミュニケーションを個々の人間の手の届くプライベートな領域に閉じたものから、社会的に流通しうるものへと変えていったのです。

ようやく、私たちはこの本の主題にまでたどり着きました。メディア・コンタクト、言い換えればメディアと「われわれ」との接触形態を問うアプローチとは、私たち人間のメディアに媒介された環境（すなわち「世界」）との関わりの仕方を問うことに他なりません。それは、私たちの主体性の問題――どこまで、「われわれ」は、「われわれ」自身としてこの世界の中で生きることができるかという問いを立てることでもあります。社会全体が「マス」化に向かって動いていた時代から、それを自明化できなくなった時代への変化。そうした中で「われわれ」が生き抜くために、環境と主体（「われわれ」）を結びつけ、その間の情報回路を開くものとしてのメディアの在り方を問う、それがこの本の主題なのです。

「選択」「記憶」そして「公共性」

このアプローチにおいては、まず、その「コンタクト」一つひとつの「かたち」とそれを与える既存秩序との関係、もしくはそれによって作りだされる「コンタクト」の集積（テレビの場合は視聴パターン）と新しい秩序との関係が問題になります。そこで、振り返ってみたいのは、テレビと私たちとの安定的な関係を支えてきた、距離感の喪失を促すメタ情報のモードと、それにより包み込まれる身体感覚、そして社会的な一体感といったことがらについてです。これらのことがらはどのように整理できるのでしょうか。

まずそこでは「環境全体」「関係性をつなぐもの」「個々の主体」という三層をなす構図がベースとなり、そこに主体による「環境の認識」「環境の生産」といった行為が繰り返されていることがわかります。まさにこの関係性をつなぐものこそがメディアで、ここで行われる行為がコミュニケーションであるということになります。そう考えるとメディアに内在する「拡張」への指向性は、一回の行為の時空間的限界を乗り越える方向にだけでなく、こうした反復、すなわち回数的な「拡張」に向かう力にも促されて、物質的な固定化を進めていくことになります。ここにおいて、メディアはコミュニケーションを集団的、社会的に支えていくという性格を纏うようになります。

行為の一回性が破られると、その行為には〝他でありえたかもしれない可能性〟そして〝行為の蓄積〟といった他の行為とのリンクが、時間・空間的秩序との関係において与えられるようになります。私たちが日常的に行っている「選択する」とか「記憶する」といった行為は、常にこうした他の「選択肢」や「記憶されたことがら」との関係の上に置かれ、意味を作り出します。普段、こうした行為の多くは個々人の内に閉じられているかのように感じられますが、メディアが深く介入した環境においては、それが集団的、社会的になされるように、それらの行為を行うときの参照すべき対象の多くが、外化されたもの——すなわちメディアによって表象されたもの、もしくはメディアそれ自体となって現れるという状況が作られていきます。

　こうしたことは、テレビのチャンネルを選ぶことに始まり、若者がテレビを見ずにネットにばかり夢中になっていることとか、ケータイのアドレス帳をいっぱいにするとか、何でもかんでもすぐ「写メ」したがるとか、テレビが生み出す流行語をすぐ取り入れるとか、私たちの日常的な行為のあらゆる場面に見られる現象です。今や、メディアは私たちのコミュニケーションだけでなく、本来人間の「個」を支える知的行為であった思考の領域までとりこみ、外部化してしまうところまで到達しているようです——これもまた、メディアに内在する「拡張」モードの中に新たに生まれた側面なのかもしれません。

　一日のうち約一二時間（一一時間五七分）もメディアに接している——電通総研が『情報メディア白書2005』で発表したこのデータは、私たちが日頃、いかにメディアにもたれかかった生活をしているかを示しています★04。この調査では、かつて「家庭」という空間の中に封じ込められていたメディア・コンタクトが、会社や学校、移動途中など、社会生活の全般に解放され、「拡張」しているさまが描かれています。もちろん、それをデジタル情報機器の普及が支えていることは言うまでもありません。と同時に、このことは従来の「マス・

★04『情報メディア白書2005』
電通総研が一九九四年から刊行している白書。その二〇〇五年版の特集「問われるメディアの戦略性」では、移動中や仕事中のメディア接触時間を捉えたデータが報告された（一四頁）。一日一一時間五七分のメディア接触を行っているというこの数値は、ネット調査を用いたことなどを踏まえ、慎重に読む必要はあるが、こうした衝撃的な数値の背景に、インターネットとケータイの普及があることは否定できない。電通総研編『情報メディア白書2005』（二〇〇五、ダイヤモンド社）

☆図02 参照

	自室内	家族との共用スペース	移動中	その他自宅外	小計	職場・学校	合計
テレビを見る	48.3	135.6	0.9	2.4	187.2	4.1	191.3
固定電話を使う	4.0	7.0	−	−	11.0	−	11.0
携帯電話を使う	16.1	10.0	9.5	9.3	44.9	14.1	59.0
パソコンを使う	70.1	65.1	7.0	2.2	144.4	132.9	277.3
書籍・雑誌を読む	20.3	14.8	14.2	4.4	53.7	5.1	58.8
新聞を読む	3.0	18.9	2.6	0.5	25.0	3.2	28.2
音楽を聴く	29.7	16.6	28.9	5.4	80.6	10.5	91.1
合計	191.5	268.0	63.1	24.2	546.8	169.9	716.7

総メディア接触時間716.7分＝11時間56.7分

図02　場所別の情報メディア行動時間（平日・全体平均）

メディア」が、その根拠としてきた社会的規範の存在をも示唆しています。

デジタル機器の普及がかつての社会規範を揺るがしたのか、既存の規範の揺らぎが新しいメディアの浸透を呼び込んだのかといった議論は後に回すとして、いずれにしてもここには、現代社会に生きる人々のコミュニケーションや思考をめぐるある種の不安が映し出されているように思います。グローバル経済の中で、常に行ったこともない国の動向を気にしなくてはいけない一方で、カーナビが故障したら隣街に行くことすらできない空間感覚。二四時間稼働するメディアに目を奪われ続け、睡眠障害で意識朦朧としている時間感覚。そんな中でケータイやネットでつながっていることが、かろうじて心のよりどころとなっている——こうした状態で、私たちは日々暮らしているのです。

「選択」や「記憶」といった個々の思考のモメントと社会的コミュニケーションを結ぶ行為が、いかなる仕組みで、どのように「技術」に媒介されて、外部化した表現や他者の姿を参照し、社会的な規範の認識と生産に再帰的に結びついているのかを知ること。そこから、私たちは〝やりなおしていく〟――そういう局面に今、立たされているように思うのです。一旦「マス」化のある意味での「完成形」にまで行きついた私たちが、その衰退に直面して行わねばならないことは、こうしたプロセスを、秩序形成原理の次元から見直すことに他なりません。

メディアをめぐる社会的問題が起こるたびに耳にする「公共性」ということばに関しても、こうした次元から問いを立て直す必要があります。この環境では、どんな情報がいかに、何によって主体の外部に表象され、私たちはそれにどのように「コンタクト」することによって「記憶」をよみがえらせ、新たな「選択」に踏み出すのか。そしてそのような行為をいかにして集団的、社会的に組織することができるのか――こうした秩序原理に関わる意味を「公共性」ということばに託すことができるかが、今問われているのです。

「公共性」は放送事業者に特権的に与えられた属性として、いかにそれを守るか、もしくは行使すべきかといったレベルで議論すべき問題ではありません。「公共性」を、「われわれ」が生きられる環境を認識し生産するための原理として、この社会に生きる人々の手に取り戻すこと。そしてメディアがその媒介的機能をいかに果たすことができるかを考えること。新しいデジタル技術の普及・浸透を踏まえて、メディアの、とくにかつて「マス」化に奉仕しつづけてきたテレビを代表とする二〇世紀型のメディアたちの社会的再配置をデザインすること——これが、今日の具体的な状況において、この本の主題がもつ極めて切実な意味なのです。

この本の構成、作業仮説

メディア・コンタクトという次元は、私たちと、私たちが生きる環境との間を行き来する情報との関係を、深さと広がりをもって、さらにはダイナミックな変化をも捉える力を与えてくれます。

もうお分かりでしょうが、冒頭で『日本の広告費』をとりあげたのも、「広告」というビジネス分野が、このコンタクトという次元を敏感に意識することによって成立しているが故に、そこにメディアの世界の環境変化が極めてクリアに浮かびあがってきていることを示すためでした。さらに「広告」は、メディアの外にも広がる経済や政治、文化の動きと深く結びつく境界的な分野であるだけに、いま私たちが問題にしている「マス」化とその衰退という社会全体の動きを的確に知ることができるセンサーとして機能します。

　この本では、この「広告」の問題のように、メディアに関するリアルな調査データや、事件・出来事、ビジネスや政治、文化やテクノロジーといったそれぞれの分断された領域の中でこれまで話題となってきたことがらを扱っていきます。しかし出来事の解説・評論に力点を置くことはしません。それよりも、それをどのように認識論やシステム論的な解釈に晒して、概念的に読み解いていけるかという、ある種「異次元」を往還する思考実験をしながら進めていきます。

　第一章では「視聴率」をメディア・コンタクトの実態を捉える指標として扱い、その存在意義の再考に取り組みます。また別の角度からコンタクトの次元にアプローチしている『国民生活時間調査』から、コンタクトそれ自体の掴みにくさと社会規範との関係を明らかにしていきます。第二章では、テレビとデジタル・メディアとの表面的な対立関係の背後にある、「メディア圏（コンタクトが生成される時間・空間的なひろがり）」の変化に焦点を当てます。そしてこの変化が「選択」と「記憶」という二つの認識行為にどのように影響を与えるかについて論じます。第三章では、一連のＮＨＫ問題を手がかりに、公共性概念を秩序形成原理としての観点から読みなおし、放送がもう一度社会的に重要な役割を担うためのシナリオを提示します。

　やや力技に頼る部分があるかもしれませんが、敢えてこの作業に取り組むのは、もっぱら私たちの「無意識の領域」に働きかけることで構築されてきた、このメディアと社会の関係と、その結果訪れた混沌に、再び「われわれ」が主人公となって介入する鍵が得られると考えるからです。

この本を貫く作業仮説とは、簡単に整理すると以下の通りです。

(1)制度論的、産業論的には、日本のテレビ放送はその草創期からほとんど変わらない枠組みで続いてきました。しかし、認識論的には一九八〇年代に大きな転換点がある――この点は、いままでほとんど見過ごされてきただけでなく、この転換によって、今日の「デジタル化」へ向かう道が用意されたのです。

(2)デジタル技術の自律にまかせた「テレビ」の危機は、「われわれ」の「公共圏」の崩落の危機でもあります。それを防ぐには、マーケティング的、汎記号的意味世界の広がりによって起こった「メディア圏の反転」に抵抗し、逆にデジタル技術を味方にして、自覚的な意味の生成過程(「選択」「記憶」)を築いていく必要があります――リアルな時空間に依存する「編成」に代わって、「アーカイブ」がその新しい秩序を担う可能性をもっています。

(3)そして今――地上デジタル放送への移行作業が完了する二〇一一年までの期間は、メディアの融合の動態を捕捉し、新しい「放送」を構想しうる「重大局面」（crisis）なのです。

要するに――放送が作り出しているものは、社会を形成していくある種の秩序との関係を断ち切ることができない「番組」であって、商品として市場を浮遊し、流通する「コンテンツ」などではない。この基本に立ち返って、その未来に向けた社会的な存在意義を再構築すべきである――言いたいことは、この一言に集約されます。

ここで提示する仮説は、これまたすべて時々刻々変化する社会状況の中で上書きされるべきことばかりです。社会が再帰的に生産され続けるものであるとするならば、この本のような試み自体も、その再帰性の渦の中にあることから逃れられるものではありません。だからといって、それを見送ることに慣れすぎてしまった態度に甘んじていると、〝自分の知らないところで社会が勝手に動いている〟――疎外状況の情報社会版の罠にはまったまま、いよいよ〝死んだように生きる〟ことを強いられてしまわざるをえません。

メディアは、いったい何のためにあるのか――自らがこの世界の中で生きるために、メディアの力を、そしてそれを支える技術を味方につけること、その試みの最初の一歩として、この作業を始めてみたいと思います。

第一章　テレビを見ることをめぐる諸問題——視聴行動と社会規範

1　視聴率データは、なにを教えてくれるのか

視聴行動へ接近することの難しさ

二〇世紀に君臨してきた「マス・メディア」、とりわけテレビに私たちはどのようにコンタクトしてきたのか——それを知る「方法」について考えることから、はじめてみたいと思います。まずは、一般的によく知られている調査から、徐々に接近していくことにしましょう。その出発点は「視聴率」です。

「視聴率」ということばを聞いたことがないと言う人は、ほとんどいないでしょう。しかしその測定方法や数値の示す意味について、正しい知識を持っている人は、驚くほど少ないようです。一般に私たちの生活の中において「視聴率」ということばは、もっぱら番組に注目が集まっていることを示す証拠としてセンセーショナルに用いられるか、「視聴率至上主義」などというフレーズとともに放送が批判されるときに合わせて聞こえてきます。「視聴率」は、なぜ、このような特別な現れ方をするのでしょうか。

『情報学事典』（弘文堂、二〇〇二）によると、「視聴率」は〝ＴＶ受像機全数

のうち稼動している(Set-in)台数の比率(%)のこと〟として定義されています。「視聴率」なのに、なぜテレビ番組を見ている「人」の数に基づく比率ではないのでしょうか。これは、今日我が国において休むことなく視聴率データサービスを提供している「ビデオリサーチ」社の調査手法を念頭において書かれた定義だろうと思われますが、〝機械の台数比率であり、人の比率ではない〟というこの現実が、視聴率をめぐるさまざまな問題を考えていくときに重要な意味をもちます。

しかしこれは「視聴率」の唯一の定義ではありません。今、日本において「視聴率調査」の名で呼ばれているものは、二種類あるのです。ひとつはこの『情報学事典』の定義に対応する「ビデオリサーチ」社のもの。もうひとつは公共放送機関であるＮＨＫの放送文化研究所が実施しているものです。

この二つの手法は、全く異なります。先にスタートしたのはＮＨＫで、テレビの本放送が開始された翌年（一九五四年）に始まっています。開始当初は個人面接法が用いられ、その後一九六六年以降は個人日記式調査に移行していますが、いずれにしても常時行われるもの、すなわち日常的な私たちのテレビに対するコンタクト（ここでは視聴行動）をそのまま写し取ろうとする調査ではありません。それはわずかに年五回、特定の一週間について視聴状況を調べているものです。しかも、関東、近畿地区以外は、ＮＨＫのみが調査対象局となっていて、いわゆる自局放送がどれだけ視聴されているかを、定期的に「検証」する目的の調査であるといえます。

それに対して「機械式」と呼ばれる、『情報学事典』の定義にもある手法が開始されたのは一九六一年、世界的調査会社A・C・ニールセンによるものでした。続いて翌年に「国産」機関、「ビデオリサーチ」が調査を開始します。その後二〇〇〇年、A・C・ニールセンは日本市場から撤退。今日、国内の機械式視聴率調査は、「ビデオリサーチ」の独占状態となります――このことも、現在の視聴率をめぐる問題に根深く関係していきます。

「ビデオリサーチ」のWebサイトに公開されている『TV Rating Guide Book (Internet Edition)』を見ると、冒頭にこのような説明があります。〝視聴率は、テレビ番組やCMがどれくらいの世帯や人々に見られているかを示すひとつの尺度。しかし、必ずしも番組やCMそのものの価値や質を、直接的に表すものではありません★05〟――「直接的」または「絶対的」な指標ではない――この説明と先に挙げた『情報学事典』の定義をあわせ読むと、今日一般的になっている視聴率調査が、あくまで近似的な値を算出する仕組みであるということがわかります。

しかし近似的な値であることは、決して「不適切」であることではありません。語弊を恐れずに言えば、この世の中にある「標本調査」は全てこうした「近

★05『TV Rating Guide Book (Internet Edition)』
ビデオリサーチのWebサイト内に収められた「視聴率」の教科書。機械式調査の仕組み、サンプル抽出方法、標本誤差の問題などに関する基本的情報が網羅されている。
http://www.videor.co.jp/rating/wh/index.htm

似値」を「妥当」と見なすことによって成り立っています。言い換えれば、私たちはその数値がもつ妥当性の範囲を踏まえた上でないと使うことができない、ということになります。そのためには、算出の仕組みや、その数値に妥当性を与える「条件」を理解する必要があるといえます。ところが古今東西、「調査」の数字が一人歩きするといった現象は、私たちの周囲にあふれています。それは「視聴率」に限った話ではないのですが、とりわけ「視聴率」は、その測定対象であるテレビが発するメッセージ自体が、そうした「一人歩き」につながりかねない傾向をもつだけに、問題の根は深いといえます。

「世帯調査」と「サンプル数」

ビデオリサーチ社が実施する機械式視聴率調査に関する解説『TV Rating Guide Book (Internet Edition)』には、サンプリング手法、視聴率の計算方法、標本誤差や視聴世帯・人数の推計など〝数値を扱う際の注意〟、さらには視聴率調査の歴史までがコンパクトにまとめられていて、さながら「視聴率の教科書」といった充実した内容のものになっています。

しかし極めて重要な内容であるにもかかわらず、なぜかこのガイドの存在はあまり知られてはいません。書店に行っても、「視聴率」の仕組みを知るための本は少なく、元ビデオリサーチのリサーチャー藤平芳紀が著した二冊――『視聴率の謎にせまる』、『視聴率の正しい使い方』が目につく程度です★06。「視聴率」という存在がよく知られていることや、はじき出された数値に関する話題の「身近さ」に比べると、アンバランスな感じは否めません。

ともあれ、これらのガイドに目を通すと、私たちが「視聴率」の仕組みや、その数値の妥当性を理解し、その上で今日のこの数値をめぐるさまざまな問題を考えるための、いくつかの手掛かりを得ることができます。

ひとつ目の手掛かりは、この調査が「世帯」を対象としたものであるという点にあります。これは、テレビというメディアのそもそもの普及形態と関係しています。〝テレビは家庭に置かれ、家族で視聴するもの〟――これは、テレビの黎明期には疑うことなき事実でした。まさしくテレビ草創期のある一時期においては〝リアル〟な情景だったのです。二〇〇五年に大ヒットした映画『Always 三丁目の夕日』のワンシーンにも、こうした状況は描かれています★07。

吉見俊哉は、「テレビが家にやってきた」（『メディア文化論』★08／『思想』二〇〇三年一二号★09）という小論の中で、日本のテレビ史の始まりにおいて、いかにして「家族視聴」という接触形態が作られていったかを丁寧に描いています。テレビに限ったことではなく、かつては「家族」という集団、「家庭」という場を前提に、メディアとの接触が生み出されるということは、先行する

★06　藤平芳紀『視聴率の謎にせまる』（一九九九、ニュートンプレス）、『視聴率の正しい使い方』（二〇〇七、朝日新書）
ビデオリサーチで長年「視聴率」算出の現場に携わったリサーチャーによる解説書。単なる「解説」にとどまらず、視聴率批判、視聴率問題の歴史にも言及している「視聴率」理解へ向けたすぐれた入門書である。朝日選書版は、そのアップデート版といえる。

★07　『Always 三丁目の夕日』
西岸良平作のマンガ『三丁目の夕日』（一九七四〜、小学館、ビッグコミックオリジナルに連載）を原作とした映画（二〇〇五年）。集団就職、家電の普及、駄菓子や、東京タワーの建設など昭和を代表する風景をちりばめたノスタルジックな描写で大ヒットとなる。主人公の少年宅に「テレビがやってくる」シーンも、象徴的に描かれている。

★08　吉見俊哉『メディア文化論』（二〇〇四、有斐閣アルマ）
大学の一学期一五回の授業を意識して構成された、メディアと文化

マス・メディアである新聞やラジオにも当てはまることでした。新聞の普及は、宅配システムに支えられていますし、ラジオの受信機も家庭内の生活・娯楽用品として位置づけられていました。このことは日本社会における情報の伝達回路の秩序形成において、「家族」がその基点の役割を担っていたことを意味しています。

しかし今日周囲を見回すと、〝メディアとは世帯単位で接触するもの〟という前提は明らかに揺らいでいます。その揺らぎは、いつから始まったのでしょうか。視聴率をめぐる動きの中にその兆しを見出すことができます。一九八〇年代後半、それまで世帯調査のみであった機械式視聴率調査に「個人」別のデータを求める動向が強く出てきました。十数年にわたる研究・調整の末、一九九七年にPM（ピープルメータ）システムによる「個人視聴率」調査が東京・名古屋・近畿の三大都市圏ではじまりました。しかし「個人」別の調査といっても、PMシステムは「世帯」に導入されるものであることに変わりありませんでした。つまり「視聴率」調査においては、「個人」は、あくまで「世帯」に属する下位概念として考えられていたのです。このあたりの秩序感覚については、今改めて考えてみる必要はありそうです。

視聴率をめぐる問題を理解する手掛かりの二つ目は、この測定器（世帯視聴率の場合はオンラインメータ、個人視聴率の場合はピープルメータ）をどの家庭に

の歴史をたどる「教科書」。冒頭に掲げた〝「メディアは伝達しない」、しかし「横断し」「媒介する」〟というテーゼから、新聞―放送―デジタルメディアを繋ぐ「メディア性」とはなにかに切り込む。

★09　『思想』二〇〇三年一二号「特集：テレビジョン再考」（岩波書店）
テレビ放送開始五〇年を記念して特集が組まれた。冒頭に清水幾太郎「テレビジョン時代」（一九五八）を再掲載したことによって、今日「テレビ」の問題を考えることの重要性が訴えかけられている。吉見俊哉「テレビが家にやって来た――テレビの空間 テレビの時間」、石田英敬「テレビの記号論とは何か」など、重要論文が多数掲載。

どれだけの数、設置するかにあります。

現在のビデオリサーチの調査では、例えば関東圏の場合、エリア総世帯数約一五〇〇万に対して、選ばれる調査対象世帯数（サンプル数）はわずか六〇〇です。この数字のギャップは、確かに「普通の感覚」からすると驚きでしょう。なにしろ二五〇〇〇世帯に一世帯という比率です。「ビデオリサーチの測定器がある家の話など、聞いたことがない」「本当にやっているのか」といった噂話をよく聞きます。「徹底した秘匿主義」もあいまって、〝対象抽出のプロセスは謎に包まれている〟との印象がもたれるのは、ある意味仕方ないともいえます。

しかしこの数字のギャップは、「統計学」的には問題ありません。なぜならば、標本調査に「誤差」が伴うのは当然のことで、一般的に社会調査では、誤差が±五％以内に納まるようにサンプル数が設定できれば、信頼性は確保されているとみなされるからです。ビデオリサーチの場合も、このサンプル数で視聴率五〇％の場合、誤差は最大でも±四・一％に押さえられるように設計されていますので、統計調査としては問題ないということになります。

もちろん、この誤差をさらに小さくしようとすれば、サンプルを大きくすればよいわけです。しかしそこには「視聴率調査は経済調査（限られた予算の中で行うべき、調査事業）である」という制約が立ちはだかります。故に、現在の調査方法に落ち着いているということになります。統計学という理論的根拠、経済調査という前提――すなわち、専門的な見地からは「妥当」なのです。とはいえ「普通の感覚」で言えば、違和感がある――このあたりにも、「視聴率」をめぐる問題の要因があるように思います。

このように機械式「視聴率」測定の仕組みは、なかなか複雑です。理性的に仕組みを説明しようとすればするほど、逆にその説明自体を訝しく印象づけてしまうようなリスクも、そこには感じられます。それはもしかすると、この調査の調査対象が「テレビ視聴」であるということと関係しているのかもしれません。

一〇〇%近い人々の日常と化している「テレビ視聴」は、言い換えれば視聴者にとっては、誰にも当たり前に存在しているものとして認識されています。このイージーな感覚、自明性が、専門的な知見を必要とするサンプル調査、すなわち少ないサンプルで論理的に全体を推計する行為に対する理解を阻んでいるのだとは考えられないでしょうか。つまり「テレビ」は全ての視聴者にとって既知のものなのです。だから、驚くほどかけ離れた実数とサンプルの差は、単純に〝その数字の中に、私の視聴行動は果たして含まれているのか〟という疑いを招き、感覚的に受け入れ難い印象を生み出しているのかもしれません。

あまりにも「テレビ」は日常的に存在し、そこから派生したものごとは身の回りに遍在しています。「テレビ」はある意味、私たちの生きられる「世界」

自体をつくりあげていることに等しいといえます。しかし私たちは「世界」の内部に住んでいます。それ故に、そこから自分たちの姿を――ましてや、その「世界」の構成に介入しているメディアとの関係自体を捕捉するのは、かなり困難なことです。したがって、敢えてコンタクトが起こる場を、その草創期には極めて実態に近かった「世帯」に絞り、「機械」を介して人の手を介さずに客観的に外部から測定できる状況を設定し、〝近似的〟に実態を追うことは、理論的に妥当な選択ではあります。つまり視聴率に対する違和感の源泉は、このように環境の内と外に引き裂かれた私たちの認識の在り方にあるといえそうです。

「父の眼差し」から「猫の眼差し」へ

この外部からの測定可能性について、もう少し考えてみましょう。実はこの二つの条件――テレビとのコンタクトが発生する場を「家庭」(世帯)に絞ることと、「機械式」は深く関係しています。つまり特定の場所に測定地点を限るからこそ「機械式」は可能になるのです。「家庭」という家父長的な求心力をもつ空間の中心に位置している限り、テレビ視聴が生起する場所は、一点に集約されます。そしてその一点に、「機械」を置く。すると「全て」を把握することが出来るというわけです。しかし、この想定は徐々に崩れていきます。いやそもそも高度経済成長に向かう初期の段階、すなわち「父」が家父長的な求心力をテレビに譲り「家庭」から離れていった段階で、この「崩れ」は決定的になったのかもしれません。

家族は次第に同じ時間に、同じ番組を見ることをしなくなっていきます。「絶対的な父親」の不在によるチャンネル争いは、やがて視聴時間を分散させるようになり、個別視聴から徐々にサブ・モニターの普及によって個室視聴に移行していきます。その結果、家族が集合するメインルーム（お茶の間、あるいはリビング）に設置されたテレビは見捨てられ、埃をかぶった「粗大ゴミ」もしくは、離散した家族の代わりに家庭の中心を守る、「留守番」的存在と化していきます。

また仮に同じ場所にいたとしても、テレビが可能にした多様なモードによる身体感覚的な情報受容スタイルは、さまざまな「見方」（あるいは、「見ていない、ただ聞いているだけ」や「聞いていない、ぼーっと眺めているだけ」）という、緩いコンタクトのヴァリエーションを許容していきます。このさまざまな視聴形態、そして離散する家族視聴の延長線に、かの有名な視聴率批判――〝猫が見ていても視聴率〞（テレビが点いていても、それは見られているかどうかわからない）」という「猫視聴言説」が生まれるのです。

確かに、「機械式調査」が前提とする〝受信端末の稼動をもって視聴とみなす〟という状況は、実はテレビ草創期に見られたとされる、理想的な家族像における視聴のみに当てはまるように思えます。「家にやってきた」ばかりのテレビを「夢中になって見た」真剣な眼差し。これは「テレビを見る」こと自体が自己目的（テレビ自体が「娯楽」そのもの）でないと、成立しません。だから「猫視聴」という批判は、ある意味、視聴率自体の無効性を言っているようで、テレビと「われわれ」のコンタクト状況の広がりの可能性を示唆することばとしても読むことができそうです。「視聴率」の測定器は、テレビ・モニターがその時間点いているか否か、そしてどの番組を映し出しているかしか記録することは出来ません。つまり「視聴率」の数値は、まったくモニターの前に人がいないことも含む、さまざまな視聴形態がありうることに想像をめぐらすことを、この数字を読む私たちに要求しているのです。

一九八〇年代以降、ビデオデッキが普及しはじめ、ゲーム機が接続されるようになって、テレビのモニターは共時的、あるいは同時的に放送される番組視聴「専用」の端末ではなくなっていきます。テレビ草創期の理想的視聴環境を想定した「視聴率」はもちろん、こういった状況を測定対象とはしていません。少し結論を先取りするような言い方になりますが、一般的に語られている〝デジタル時代のテレビの変容〟は、実はこの視聴形態の多様化と、視聴する家族の離散化の流れの延長線にあります。たとえば携帯端末による「ワンセグ」放送は、ついに家庭、すなわち世帯の中で視聴行動が離散するのに止まらず、家族の成員たちがテレビを抱えて「家庭」を捨てる姿として解釈することができます。また、ハードディスク録画による「タイムシフト視聴」が普通に行われるということは、もはやテレビの時間が「家庭生活の規範」として機能していないことの証明である、とも言えるでしょう。

しかしこうした変化の中で、テレビ番組が今日それでも、視聴者を「家族」として、あるいは「家族」を主たる視聴者集団とみなし、出演者たちが彼らに呼びかけを続けているのはなぜでしょうか。このテレビというメディアの保守性は、テレビと「われわれ」の関係を作り出す「視聴」というコンタクト形態が、実は「家族」を基本単位として構築された、近代社会の「規範」を前提として成立してきたことを表しているのです――このことは、別の調査データの結果も交えながら、あらためて論じることにしましょう。

視聴率データの「誤った」読み方

このような「視聴率」という調査を成立させている数々の前提を踏まえてみると、今日一般になされているこのデータの読み方の問題性も明らかになってきます。ここでは、私たちにとって日常的であるにも拘わらず、問題をはらんだ解釈事例をいくつか上げておきましょう。

(1)「××人がこの番組を見た」――この言い方の問題点は、二点あります。まず一般に発表される数値は「世帯視聴率」であるのに、すぐに人数換算をしてしまう点。それからこの調査は機械式であり、あくまで稼動端末の台数のパーセンテージであるにも拘わらず、それを「見た」と安易に言い換えて表現してしまっている点です。

(2)「××さんが△△した、この瞬間の視聴率は……」――これはいわゆる番宣番組の「視聴率ランキング」などのコーナーでよく聞かれるフレーズです。しかしビデオリサーチの調査手法に基づくかぎり、少なくとも視聴率は「瞬間」を正確に捉えることが可能な連続的な変動値としては測定されていません。データの最小単位は分単位（毎分視聴率）で、この分単位のインターバルで測定された視聴率も、本来は番組の平均視聴率を求めるためや、番組を通しての視聴率の変動を見るための「素材」としての数値にすぎません。ですから、毎分の〇秒時に測定されているとして、そのうちのひとつを切り取ってみても本来あまり意味のあるデータとみなすことはできません。それよりも問題なのは、必ずしも毎分の〇秒に上記のフレーズのような「決定的瞬間」が来るはずはないので、番組構成上は相当恣意的なシーンの抽出が為されていることが想像されます。

(3)「X局のライバル番組の視聴率は二〇%で、今回は二%勝った!」——この言い方は、発表された数値をそのまま読んだものとしては間違いではないのですが、問題はそれをことさらに強調することにあります。これは「標本誤差」を、数字の利用者がきちんと理解しているか否かの問題であるといえます。既に触れた一般の社会調査基準を適用するならば、(最大でも誤差±五%以内になるように、サンプル数を設定しているので)上記のような視聴率二〇%の場合、正規分布のグラフに当てはめると、±三・三%以内の誤差があることは考慮しなくてはいけません。ですから、今回の場合は必ずしも「勝った」と断定できないことになります。

こうして並べてみると、「視聴率」は、そのある特定の日時、番組に関する数値をひとつだけ取り上げて、〝ああだ、こうだ〟言うことができる性格のものではないということがわかります。では、いったいどのような態度でデータに向き合うことが、「視聴率」という指標を適切に扱う「作法」なのでしょうか。それは〝あくまで数値を複数で扱い、そこから平均値や時系列変化などの「傾向」を見出すことに用いる〟、ということだといえます。実際にそのような見方を促すように、ビデオリサーチが発行する「日報」には、その日の「番組平均世帯視聴率」「番組終了時世帯視聴率」のほかに「前四週」のデータや「番組視聴占拠率」が付記されていて、数値を単独で絶対化することなく、相対的に評価できるようになっています。

しかし現実には、数々の説明努力がなされているにもかかわらず、「視聴率」の「誤った常識」の方が一般的になっているのはなぜでしょうか。こうしてその問題例を並べて見ると、その背景には、〝センセーショナル志向〟すなわち、数字の大きさを番組の正当性の保証に利用したいという狙いがみえてきます。いわゆる「視聴率至上主義」はこのような欲望の集積であるとも言えます。

こうした現実を理解する鍵は、これらの誤った読み方を、率先してやっているのが「視聴率」の測定対象である番組をオンエアしている放送局自身であるという点にあります。その点に注目していくと、こうした数字の大きさにおもねる解釈志向は、テレビが作り出すテレビのための「世界」の日常内部に閉じた認識であるということがわかってきます。

視聴率調査の「本来的な」目的

私たちの日常に蔓延する「視聴率」解釈のセンセーショナル志向――ここまではそれを、その調査が依拠する統計学の知見に即して〝誤ったもの〟として論じてきました。しかし果たしてそう簡単に断罪できるものなのか、ここで少し立ち止まって考えてみましょう。もしかすると、これも、二〇世紀の私たちの日常を秩序づけてきた「マス」化、すなわち「拡張」への指向性の文脈に即して理解することができるのかもしれません。

そもそもなぜ「視聴率」は、「機械式」によって〝常に、一時も休まず〟測定される必要があるのでしょうか。それはテレビというメディアが、〝時間を販売する〟ことによってビジネスを成り立たせているからです。「視聴率」はそのための、つまり時間枠を「広告」という形式でマネタイズする価値尺度を提供するために「機械化」されたのです。

テレビ広告は、大きく分けるとタイム（番組提供）と、番組が終了して次の番組までの間（ステーションブレイク）の時間に流されるスポットの二つの形態で販売されていますが、近年はキー局ではスポット比率が圧倒的な割合を占め、放送事業を支える販売形態になっています★10。このスポットの価格設定の基準値となっているのがGRP（Gross Rating Point：延べ視聴率）です。GRPは、番組の三分の一以上を見た世帯を対象に〝累積到達視聴率（リーチ）×平均視聴回数（フリクエンシー）〟で計算され、一般的に広告主は広告放送量（時間枠）を、GRPを参照して購入していきます。

こうした販売形態の根底には、GRPが大きいほど広告効果は大きくなるという考え方があります（実際は、効果の増加率は徐々に逓減していく）。さらに、

★10 タイム・スポット
テレビの広告収入の二形態。タイムは番組提供。番組制作費も含み、基本的に番組時間内のCM枠に広告を流す。スポットは、電波料のみを負担し、本来は番組と番組の間の時間帯（ステーションブレーク）に流す広告販売形態。最近は効率的に販売できるスポットの比率が著しく高くなり、二〇〇一年には約七割を占めるようになった。本来タイムとして販売される番組時間内の枠も、スポット扱いで販売されるPT（パーティシペーション）扱いも目立つようになった。

投入する広告放送量から効果を推定するシミュレーションの説明変数としてもこのGRPは用いられるわけで、すなわち「視聴率」は放送ビジネスを支える広告事業の根幹を成す指標ということになります。

そう考えると、広告主の要求と「視聴率」調査の動向の密接な関係も見えてきます。例えば広告主が最初は「世帯視聴率」で満足していたのは、日本の戦後から高度成長期にいたる経済が、「家族」単位の消費に支えられていたからで、広告主たちが「個人視聴率」を求めるようになっていったのは、実際の市場の止まることを知らない「拡張」指向の中で、消費が個人単位中心に移行していった、その動向を反映していたわけです。

「個人視聴率」を測定するピープルメータの導入に当たっては、特に外資系の広告主企業からの要求が強かったといわれています。こうした一種の圧力の背景には、一九八〇年代後半、いわゆるプラザ合意（一九八五年）以降に押し寄せてきた日本市場への開放要求（国際化）と、企業経営における「科学的手法」、いわゆるマーケティング・マネジメント技術の発達という環境変化があるといえます。高度経済成長路線から停滞の時代を経て、おこった市場認識の転換は、例えば「マス・マーケティング」（大量生産・消費）に対して再考を促すような雰囲気を促し、大衆社会論へのアンチテーゼとしての「少衆、分衆」論★11、「マーケット・セグメンテーション」論や、「付加価値商品」の称揚に

★11　少衆・分衆論
一九八〇年代、画一的な「大衆消費」とは異なり、いくつかのタイプに消費スタイルが分かれてきた動向を捉え、大手広告会社がそれに対応する企業のマーケティング・アプローチとして提唱したもの。多品種少量生産とマーケット・セグメンテーションをベースとしている。少衆論は電通（藤岡和賀夫）、分衆論は博報堂（関沢英彦）。松井剛「消費論ブーム——マーケティングにおける『ポストモダン』」（『現代思想』二〇〇一年一一月号）参照。

代表される商品価値の「情報」的側面の重要性を訴える論調が支配的になっていきました。

　整理して言うならば、経営学やマーケティングの考え方が、市場の動きをある種「自然的」な法則をもったものとして認識し、それに企業経営をすり合わせていくといった方向から、市場全体を不可知かつ不確実なものと考え、故に、逆説的に市場全体をつつみ込む「包括的な操作主義」に転回していった時代といえます。ガルブレイスの『不確実性の時代』がベストセラーになり、ドラッカーやコトラーといった経営学の神様が「信仰」されるようになったのもこの頃です★12。

　人々はより確実なものを求めるようになり、その欲求は「予測の正確さ」にとびつき、結果、経営指標の数値化、計算可能性がそれまでと比較にならないくらい重視されるようになってきます。

　当然、「広告」に対する企業や人々の認識も一気に変わっていきます。七〇年代に加速した「広告は文化である」などといった悠長な物言いでは、企業の財布を開くことが難しくなった広告会社たちは、「視聴率」をベースとした効果予測を「付加価値」にした広告枠販売を強化するようになりました。広告会社の「調査部」が続々と「マーケティング部」に改称されていったことにも、こうした広告効果に対する厳密性の要求が高まっていたことが表れています。

★12　J・K・ガルブレイス『不確実性の時代(上、下)』(一九八三、講談社、都留重人訳)
流行語にもなり、世界的なベストセラーともなったガルブレイスの代表作(一九七七年初版)。世界の巨大化、格差の顕在化などが「不確実性」を高めていると警鐘を鳴らした。経済思想の転換期を歴史的に位置づけ、今日に連なる経営思想の重要性を訴えたものといえる。

テレビ広告販売における「スポット」の中心化は、こうした「マーケティング」志向の高まりを受けた現象といえます。つまり投資効率を計算しにくい「番組内容」（「タイム」）にお金をだすよりも、どれだけその時間に視聴者のアイボールを集めているかに計算の根拠を求めることができる「スポット」が売りやすく、また説得力もあったのです。

ところが皮肉なことに、一般の広告主企業では、この視聴率から広告費、そして広告効果のシミュレーションが行われる仕組みについて理解している人は、さほど多くはありません。人事異動のローテーションによってたまたま「宣伝部」に配属になった人が、テレビを担当するといったこともあるでしょう。しかしそれ以上に、企業内の露骨な権力関係（「広告」の意思決定はトップダウン的になされることが多いこと）や、広告会社への「丸なげの構造」も多く見受けられました。こうして広告主企業と広告会社、そして媒体社間の力関係の中で、本来、厳密さが要求されていたはずの「視聴率」と「広告」の機能に関する理解は、暗黙の相互承認にすり替えられ、不透明なまま重ね塗りされていったのです。そこでは当然、「視聴率」算出の理論的な前提は忘却され、「視聴率」ということば自体がマジックワード化していく流れが、定着していくことになります。

不祥事を呼び込む構造

テレビに関して起こるさまざまな不祥事の背景には、「視聴率主義」があるとしばしばいわれます。しかしそれは「視聴率」という調査手法そのものに内在した問題ではなく、むしろこの調査を実践的に解釈するテレビ関係者同士のコミュニケーションが断絶していることに起因しているといえるでしょう。コミュニケーションの断絶は、異なる立場、各々の勝手な「読み」を、そのコードが通用する狭い「世間」の内部に封じ込め、さらに他者の意思が見えないことによる過剰な「憶測」が強い自己規制を生み、次第にそれが繰り返されることによって規範化、常識化していくスパイラルに発展していきます。先に挙げた「視聴率」に絡むさまざまな「誤った」表現に共通しているセンセーショナル志向、いわゆる「視聴率」の絶対化は、そんなところから加速していったのです。

二〇〇三年一〇月、日本テレビのプロデューサーによる視聴率不正操作問題が発覚しました★13。〝自らが制作した番組の視聴率が上がるように、探偵業者を使って、ビデオリサーチのモニター家庭を割り出し、金銭を渡して視聴を依頼した〟というもので、当時はかなりメディアに大きく取り上げられました。このような直接的かつ短絡的な事件は極めて稀ですが、それゆえにこれがテレ

★13　視聴率不正操作事件
二〇〇三年一〇月、日本テレビ編成局所属社員が、二〇〇二年九月〜二〇〇三年九月にかけて自身が制作した番組の視聴率が上がるよう、金銭を渡して視聴を依頼したことが発覚。渡した金銭は、番組制作費からの流用。日本テレビはその頃「視聴率三冠王」を広告するなどしていた。この事件とともに「視聴率至上主義」なることばも広まり、BPO（放送倫理・番組向上機構）が「視聴質」調査を併用した番組評価の必要性を提言するなど、大きな社会問題となった。

ビ業界に「視聴率至上主義」が蔓延しているイメージを定着させたことは間違いありません。

しかしここで注意を喚起したいのは、事件そのものではなく、この問題が明るみに出たときの人々の反応の方です。「やっぱりね、こういうことは陰でなされていたんだ」といった比較的冷淡な反応が、この事件を報じる番組などにも数多く映し出されていました。確かにそれまでも「視聴率」は、テレビ問題の諸悪の根源として、しばしば槍玉にあがってきました。しかしこの事件に対する反応は、図らずも「視聴率」を巡る解釈の複雑さを、私たちに知らしめることになります。「視聴率」には、常にこうした告発的な名指しの対象として、不動の悪役を担うことで、恒常的な人々の不満のはけ口としての機能を引き受ける〝シニカルな理性〟（スローターダイク『シニカル理性批判』★14）のメカニズムが働いていたのです。

事件に対するこうした冷淡な反応の一方で、通俗的な倫理感に根ざした言説──たとえば〝番組内容をよくすることに努力をせず、「数字」だけに走ることは良くないことだ〟といった声があちこちで上がったことも気になりました。それは「なんとなく、金儲けをすることに対して後ろめたさを感じる」といったことと同じ次元のものといえます。すぐに「善悪」を持ち出して他者を非難する一方で、そうした出来事が繰り返されることに対しては、諦めに似た冷笑

★14　P・スローターダイク『シニカル理性批判』（一九九六、ミネルヴァ書房、高田珠樹訳）啓蒙とシニシズム（冷笑性）の関係、そしてそこからファシズムが生まれるメカニズムを分析した大著。ハーバーマス批判の書としても興味深い。またジジェクはこの著作を引用しシニシズムがイデオロギーの働きに寄与するメカニズムを論じている（ジジェク『イデオロギーの崇高な対象』二〇〇〇、河出書房新社、鈴木晶訳）。

を向ける――こうした倫理観と冷笑性の両極に引き裂かれた人々の態度は、現代の日本社会を特徴づけるものといえるでしょう。

つまりこうした単純な倫理感とシニカルな理性は、対立しているようで、実はしっかり根っこで繋がり、ひとつのパーソナリティの中に同居しているのです。その分裂症的心性は、この社会を構成しているシステムに対する徹底した無関心、ないしは関心を持とうとしても簡単にそれを妨げられてしまう、社会全体を覆うコミュニケーション不全に支えられています。食品会社、銀行、行政――これが今日、数多くの「不祥事」を生み出す不健全な土壌を作り出しているのです。始末におえないことに、この「冷笑性」は「あきらめ」の気持ちを育て、やがてそれが「仕方なさ」に転化し、それが積み重なることによって、結果的にシステムに奉仕するような「倫理観」を形成していくのです。これはなかなか笑えない循環です。そして私たちはその循環の中で表層的な善悪観を刷り込まれ、「ホンネ」と「タテマエ」を使い分けられる「大人」になるようにしっかり育てられていたのです。「視聴率」を必要悪として消極的に承認し、ゆえにその裏をかこうとしたこの事件は、皮肉にも、まさにその「大人」の行為の典型例ということができます。

この事件が起きたすぐ後、『週刊ＳＰＡ』二〇〇三年一二月九日号では、「ボクら営業マン〈今日も数字の奴隷〉日記」と題された特集が組まれました。モノが売れないこの時代の営業担当者の苦しみにスポットを当てたこの記事は、意図せざる結果として、その原因が単なるマーケットの沈滞に起因するものではないことを暴いていました。すなわちそれは、企業経営者から個々のビジネスマンまで、あらゆる「経済人」に、ある種の「原罪」として染み付き、エートス（行動原則）化してしまっているもののように見えるのです。

〝数字はつくるもの〟――マーケティングという格好いい呼び名に覆い隠された、徹底した「操作主義」がそこにあります。例えば、ビジネスマンの多くが何気なく口にする〝売りつける〟〝顧客をゲットする〟などのことばづかいは、顧客側には伝わらない、売り手に閉じたものに他なりません。〝お客様は神様〟といったことばに踊らされる顧客は顧客で、営業マンを対等な取引相手ではなく、〝神様である自分にひれ伏す下僕とみなしたい〟権力的な欲望のままに、わがままに振舞います。

こうした経済環境における〝コミュニケーションすべき他者〟の不在、すなわち意思疎通ができない状態は、メディア業界においてはさらに深刻です。そこではいわゆる仲間うちだけに通用することば、いわゆる「業界的ジャーゴン」が溢れかえっています。例えば広告業界内のセミナーなどでは、自社の成功ケーススタディーを得意気に語るプレゼンテーターは、ごく普通に「こうやって、（クライアントを）騙したわけです」ということばを口にし、聴衆も、それを特に気にせず受け止めています。

しかしこの意識は、実は「清濁併せ呑む」ことを範とすべしとされてきた広告会社の人間にだけに閉じたものではありません。一見それが使われることによってさらに業界の内と外の境界を分厚く塗り固めていくように思える「ジャーゴン」は、「広告」を包み込むさらに一回り大きな「マス」的ビジネスシステムを介して、一見対立する関係者にも広く伝播し、一種のイデオロギーとして私たちを包囲するように、その意識を再生産するのです。

例えば、それは「広告ビジネス」の場を媒介にして、一般企業、すなわち広告主企業にも伝播します。広告主は、たとえば今日、広告会社の人々と同じように「どうやって視聴者には、CMを見させたらいいのですか」といったことばを普通に発します。ここでは、視聴者は「数字をつくる」ための手段、操作の対象であることは両者にとって共通の、自明のことがらなのです。

さらにそれは一般視聴者の側にもすっかり浸透してしまっています。北田暁大は『嗤う日本のナショナリズム』の中で、この「シニシズム」と「倫理観」の〝捩れた結びつき〟の広がりを見事に描いています★15。視聴者やメディアの利用者は、こうした作為を知った上で、そこで生み出されるものを自分勝手に消費する「楽な」割り切りをあえて選択しているように見えます。

★15　北田暁大『嗤う日本のナショナリズム』（二〇〇五、日本放送出版協会）浅間山荘事件から糸井重里、田中康夫、そしてビートたけしから2ちゃんねるへと続く、日本のアイロニズム、シニシズムと安易な「感動」との接続の系譜。『天才たけしの元気が出るテレビ』の分析から見出した「純粋テレビ」の概念は、U・エーコの「ネオTV」に通底している。

共謀関係と自浄作用

しかしだからといって、冷笑的かつ倫理的に現実を受け入れる意識は共有していたとしても、そこに異なる立場を結ぶコミュニケーション回路は生まれません。本来「仲間うち」だけに通用するはずの閉じたコードが、社会全般に広がり、システムとして再生産されるというパラドキシカルな状況は、いわば送り手と受け手の暗黙の「共謀関係」を生み出し、いわゆる今日的な「不祥事」はそこに滑り込んでいきます。

こうした状況は今日のWeb2.0時代といわれる情報環境に至って、さらに深刻化してきているように見えます。二〇〇六年、『「みんなの意見」は案外正しい』（ジェームズ・スロウィッキー）という本が話題になりました★16。これは、一般にはWeb2.0の代名詞でもある「集合知」のバイブルとして持ち上げられましたが、著者自身はこの概念に実は批判的な目を向けています。マス・メディアが媒介する「集合知」と、不祥事を呼び込む暗黙の「共謀関係」の構造的な類似性——その事例としてスロウィッキーは「視聴率」をとり上げているのです。このシステムの曖昧さを関係者たちが改善せずに「保持」している様子は、まさしくコミュニケーション不全が「共謀関係」を支えるという捩れた状態の典型であり、今日の社会システム全体を覆う深刻な硬直性を象徴してい

★16　J・スロウィッキー『「みんなの意見」は案外正しい』（二〇〇六、角川書店、小高尚子訳）デジタル時代の集合知を主題とした、新しいコミュニケーションスタイルの提案。Web2.0時代の中心的アプリケーションであるCGM（コンシューマ・ジェネレーテッド・メディア）を称揚する著作として一般には受容されたが、内容は意外にもそれに批判的な側面をもっている。本書で言及した視聴率の問題性については一四二—一四八頁参照。

るといえます。

　とはいえ「不祥事」は表面化すると、通常は不健全な状況を改善に導く、一種の「膿み出し効果」が発揮されます。九〇年代に頻発した金融不祥事や、食品業界の不正に関わる問題などは、管轄行政の管理体制の問題にまで波及していきました。二〇〇七年の「社会保険庁」問題は、自民党の参議院選挙の敗因となり、時の政権にまで大きなダメージを与えました。

　さて、それではメディア業界ではどうでしょうか。残念ながらこれまでに起こった多くの不祥事は、どうも「一部の不心得者が個人的に起こしたもの」としてみなされ、直接的な「行為者」のみが非難を浴び、その責任を負うという流れで、まるでスケープゴートのように扱われてきたようです。つまり個人的な犯罪として処理され、その背後にあるシステムそのものは温存されるということが繰り返されてきたのです。二〇〇三年の日テレ事件の場合も、事件後徐々に話題が沈静化していくプロセスを振り返ると、全くこうしたパターンにあてはまります。

　二〇〇七年前半の話題をさらった「あるある大事典（関西テレビ『発掘！あるある大事典Ⅱ』における科学的データの捏造）問題」はどうでしょうか。事件直後は、やはり同様に「当事者」に非難が集中しました。しかしこの事件の場合は、これまでと少し違う動きがおこりました。〝科学的データの改ざん〟が、この年一斉に噴き出し話題になった他のさまざまな分野・業界の「偽装問題」とシンクロしたのでしょうか、番組制作過程における、こうした不正の常習化にメスが入り、番組を制作し放送した関西テレビが（社）民間放送連盟から除名処分になるという、厳しいお咎めをうけたのです。

一見すると、この事件では原因追求の次元が「個人」から「企業」や「業界」のレベルに上がったような印象を受けます。この問題の社外調査委員会（委員長：熊崎勝彦弁護士）が二〇〇七年三月二三日に発表した、一五四頁にも及ぶ報告書では★17、確かに個人的な不正に対する糾弾を超えて、彼らの行動規範を支えているシステムの問題に対する言及に一歩踏み込んでいました。膨大な聞き取りデータにもとづいて、番組制作プロセスの問題点は丁寧に分析されていたといえます。

しかし果たしてこの報告書は、この「システムの君臨」に一矢報いることができたのでしょうか。報告書は、企業を含む当事者たちの行為について「放送システムへの信頼を損なうものであった」ということを理由に断罪しています。この観点は、システムの問題についての言及を鈍らせてはいないでしょうか。

実はこの「信頼」ということばは、二〇〇三年の日テレ事件のプロデューサーが裁かれた時にも〝視聴率調査の信頼性を失わせた行為〟として使われています。問題は、ここで信頼の対象として指し示された「放送システム」の扱

★17「発掘！あるある大事典」調査委員会報告書

二〇〇七年一月七日放送の「発掘！あるある大事典Ⅱ」（関西テレビ制作）で、納豆のダイエット効果についてデータ捏造（ねつぞう）などがあったとして、番組は打ち切りとなった。その後関西テレビは、社外調査委員会に、原因究明と再発防止策の提言を依頼。その報告書は三月二三日に関西テレビのWebサイトにアップされた。http://www.ktv.co.jp/info/grow/070323.html

いにあります。それは果たして本当に「信頼」に値するものなのか。「システム」を「信頼」するとはどういう意味をもっているのか――報告書の批判的な眼差しは、残念ながらこの域にまでは踏み込んでいません。

もしこの「放送システム」ということばに、現状追認的ニュアンスがあるとするならば、どうでしょうか。ここで再び、あの「冷笑性」(ホンネ)と「倫理観」(タテマエ)の捻れた結びつきについて、考えてみたいと思います――やや意地悪な言い方をするならば、「視聴率至上主義」は、「視聴率」が機能するシステムとしての「放送」を維持するための必要悪であるという〝ホンネ〟に位置づけられます。するとそこにはその〝ホンネ〟を守るための、つまりシステムに批判を介入させない防御壁として〝タテマエ〟が事後的に導入されねばなりません。実は、その役割を担っている概念が「公共性」なのです。

二〇〇五年に大きく世間を騒がせた堀江貴文(ホリエモン)による「ニッポン放送買収」をめぐる攻防がまさにそうでした。「信頼の失墜」と対句のように、「放送」の本来的性格として「公共性」ということばが用いられる場面には、こうした「システム」自身による防衛的メカニズムが働いていると考えられます。

一般的な印象では、悪役扱いされる「視聴率」に対して、「公共性」ということばは正反対の「正義」のイメージを与えます。しかしこの概念は「放送システム」に「社会性」を補てんすることによって、私的欲望に根ざした「お金儲け」の道具としての「視聴率」の存在意義を間接的に正当化してくれるのです。このあたりは、昨今流行のCSRすなわち企業の社会的責任論に通じています。「放送」に限らず、一般に民間企業のジレンマは、利益を最大化し企業体を再生産させていかねばならないというむき出しの「私性」と、社会的存在としての妥当性との間に、常に引き裂かれる危機と向き合い続けなければならないことにあります。本来ならば、企業はその製品やサービス自体によってその妥当性を証明しなければならないのですが、それがそう簡単には行かない企業の場合は大変です。生産、流通といった企業本来の経済活動の他に、社会貢献活動を並行して創りだし、ことさらにそれをアピールすることによってバランスをとる必要がでてきます。

民間放送事業者の場合、一般の企業と少し違うのは、その「私性」がほとんど前面に出ていないことです。奇妙なことに、一方の「公共性」という概念の意味も、アリバイ程度に用いられるだけで深く問われることはありません。つまり「私性」が隠された〝ホンネ〟であるからこそ、それを暴かれないように〝タテマエ〟も建前のまま承認してしまうのです。片方で「公共性」の承認を先取りすることによって、その対極では「私性」を不問に付し、バランスをとる——これはもちろん「放送業界」の中だけに閉じたシステム維持のメカニズムです。このように考えていくと、「放送」を所与のものとして、それに対する「信頼の失墜」という問題の立て方をしている限り、「あるある」のような事件を生じさせる土壌自体を批判的に捉えることには限界があると言えましょう。

背中合わせのインターフェイス

民間放送にかぎらず、ここ数年は、放送業界全体が激震に見舞われてきたといえます。これまで述べてきたようなシステム・バランスをめぐる攻防は民間企業に特有なものだとすると、一方のＮＨＫの問題はどのように考えることができるのでしょうか。

「公共放送」を標榜するＮＨＫは民間放送とは別の論理で動いており、こうした「視聴率主義」と「不祥事」が絡み合う状況には、干渉しない位置にあるようにも見えます。しかし、実はそうでもないのです。放送番組が「公共的」であることを示す証拠として、ビデオリサーチが実施する「視聴率調査」とは別の意味で、ＮＨＫは視聴者のコンタクトを科学的指標として示さなければいけない義務を負ってきました。特に大河ドラマ、朝ドラ（朝の連続テレビ小説）、紅白歌合戦のような「伝統」的な大型番組は、カバレッジ、すなわち幅広い層に受容されているかを気にしてきました。ＮＨＫにとって「公共性」は、受信料という「国民から広くあまねくサービスの対価を徴収する」方法によって事業を賄うための根拠となっています。そこで独自に実施する「視聴率調査」はＮＨＫにとっては、「放送の公共性」の二大原則である〝遍《あまね》く（放送の普遍性）〟〝偏《かたよ》らない（放送の不偏性）〟ことを遵守しているか否かを判断する指標となるのです。

こうした感覚は、民間放送の中でも、報道セクションにいる人々には共有されています。一般に民間放送の中では編成・営業といった事業として放送を成り立たせることに従事している人々と、報道やドキュメンタリーなどの番組制作に携わる人々は、実は異なる関心に導かれて日々汗をながしています。その中で「視聴率」は、どちらかといえば営業系の関心を支配している指標であると考えられています。しかし決してドキュメンタリー番組制作者も全く「視聴率」を意識していないわけではありません。もちろんそれはこれまで民間放送で問題にしてきた「視聴率至上主義」的なものではなく、どちらかといえばＮＨＫ的なカバレッジと「公共性」の関係に近い関心だといえます。中には、「視聴率」そのものに背を向け、深夜帯の放送枠に居直る人もいなくはありませんが、逆にほとんど説明されることのない民間放送の「公共性」を具体的に表すものとの矜持をもって、「視聴率」を意識している人も少なくないのです。

このように考えていくと、「視聴率」は「産業としての放送」を支える時間の販売単価指標と、「放送の公共性」を支える視聴者の番組の受容動向指標という二つの異なる意味を背負う記号として機能しているといえます。しかしもう少し広げて見ると、「視聴率」が担っているもうひとつの意味にも気がつきます。「視聴率」は、制作者・放送の送り手側だけでなく、受け手の間のみで流通する別のシンボルとしても働いているのです。

民放各局の番宣番組では「視聴率ランキング」というコーナーが設けられることが少なくありません。ここでは「視聴率」データは、放送事業者・制作者に向けられたものではなく、明らかに視聴者に向けられたメッセージに利用されています。〝みんながこの番組を見ている〟——つまり視聴率は視聴者の「共同幻想」を支える指標として機能しているのです。これまでの放送では、情報の流れを一方向に限定し、複雑性を縮減することによって「大衆（マス）」をカバーしてきました。しかしこの情報の流れ方では、「マス」の存在が見えている送り手に対して、受け手は常に孤独な位置におかれてしまいます。それをカバーする〝ヴァーチャルなみんな〟の存在を、「視聴率」の数値は浮かび上がらせてくれるのです。視聴者は「視聴率」によって、自分がその番組を見ることの妥当性を確認してきました。これも既存の「放送システム」を維持するための大事な働きであるといえます。

「視聴率」が担ってきた三つの意味をここで整理してみましょう。

(1)「産業としての放送」の基盤を支える〝販売単価の根拠となる指標〟。財源としての広告枠の価値を、当該番組の同時的視聴者数の測定によって示すことで、産業としての放送に従事する者の規範を形成してきた。

(2)「放送の（実態としての）公共性」を支える〝視聴者のカバレッジ指標〟。多くの視聴者のまなざしや関心を集めた、ジャーナリズム的実績として表示し、遍く広く公衆にメッセージを届けた証拠として機能してきた。

(3)「放送の一方向性」を補完する〝擬似共同性指標〟。視聴者自身が視聴率から受け取る「みんながみている」という文化的価値。メディアによって生み出される共同幻想の保証として機能してきた。

「視聴率」のこの三つの顔は、それぞれメディア産業従事者（局における編成、営業、および広告代理店、広告主）、ジャーナリストおよび制作者、視聴者というメディアを取り囲む三つの立場に向けられています。しかし残念ながらそれぞれの立場を媒介する機能を果たしているとはいえません。「視聴率」という数字は三つの異なる立場を見かけ上結びつけてはいますが、バラバラに機能し、各々の領域に属する人たちをその領域特定の「意味」に拘束することで、別の「意味」の存在を巧みに隠蔽してきたのです。

異なる立場を結ぶコミュニケーションの回路を持たないことによって、つなぎ合わされた相互依存的関係――それはまるで「視聴率」によって背中合わせで結合され、同床異夢を見させられている絵として描けます。このようにして

「放送システムの一体性」と、その中における「意味の分断」という矛盾めいた状態は支えられてきたのです。

「貨幣」としての視聴率

このように考えていくと「視聴率」がこの五〇年の間、日本の放送システムの機能をどのように支えてきたかがわかります。それは「市場」における「貨幣」に当たる中枢的でありかつ形式的な媒介として存在してきました。つまりさまざまな意味を担うことが可能な、汎記号的「数値」形態として、特権的なポジションを占めてきたのです。とりわけ「視聴率」と「貨幣」の類似性は、その存在の正当性が、〝まさにそれがこれまで機能し続けてきたという事実と、未来も使われつづけるであろうという期待〟によってのみ支えられている点にあります（岩井克人『貨幣論』★18）。

本来、テレビというメディアに私たちがどのように接しているのかを知る手だてであるべき「調査データ」が、逆にそれを隠すように機能しているという事態。この不透明な実態に接近する手段だったはずのものが、その不透明さ自体を再生産することに寄与してきたという反転。そこにこそ、「視聴率」という存在とそれをめぐるさまざまな問題を考える本質的な視座があります。

★18　岩井克人『貨幣論』（一九九八、ちくま学芸文庫）
マルクス『資本論』の「価値形態論」の矛盾から、貨幣の存在の問題をあぶりだす。本書で言及した点に関係する箇所としては、貨幣の存在（命がけの飛躍）はその保証を「未来に向けて先送りすること」（一九八頁）、「いままで貨幣として使われてきたという事実」（二〇〇頁）によって支えられているとした点。

そうしたアプローチをとるためには、「視聴率」の調査手法的特性である「近似性」や、またその手法が前提としている典型とされる家族像と現実とのギャップなどの問題に躓かないようにしなくてはいけません。また、既に指摘した上記の点以外にも、躓きの石になってしまうような「視聴率」調査の表層的問題は、まだまだあります。

例えば「代表性」の問題。いくらしっかりと段階的かつランダムに抽出したサンプルであっても、実際に測定器を設置する依頼を行う際での応諾率は、決して高いとはいえません。その結果、デモグラフィックな分散は確保できても、どうしても〝こうした調査依頼を断らないタイプ〟という性格をもった世帯に偏ってしまう危険性は否めません。ピープルメータにしても、誤操作の危険性の大きさについては誰もが危惧しています。

さらに大きな問題があります。既に二〇〇〇年、ワールドワイドに視聴率調査サービスを提供するニールセンが日本市場から撤退してしまってから、この「機械式」調査はビデオリサーチ一社しか実施機関はなくなってしまいました。調査データの信頼性を確保するという面からすると、当然複数の調査データの比較は必要です。しかし実はそもそもニールセンを撤退に追い込んだ原因に、「視聴率」に対する誤った向き合いかた――広告主からの「なぜ、二つも視聴率データがあるのだ、いったい〝どっちが正確〟なのだ?」という〝クレーム〟があったということの意味は深刻に考えるべきでしょう。こうした反応は、統計学に基づく標本調査に対する無理解というよりも、そもそもの理解にむけた意欲を妨げる「ナニモノか」の存在を予感させます――まさに「視聴率」の「貨幣」化――ひとつの社会に二つの通貨はいらないという論理が、ここには働いているようです。

こうやって「視聴率」調査をめぐる数々の表層的問題の存在を考えると、「視聴率」が「貨幣」として君臨する社会は、そのシステムを維持するためにわざわざこれらの問題を〝そのままに放置してきた〟という見方さえもできてしまいそうです。しかしその一方で、「機械式視聴率調査」は、統計学的にきちんと妥当性が担保された調査でもあります。方法的に正しく向き合いさえすれば、数値をひとつのまとまりないしは流れとして捉え、「傾向」「変化」を読み取ることから、私たちとテレビの関係に関するさまざまな知見を得ることが十分にできるのです。

こうした「視聴率」をめぐる二つの態度が互いに通約不可能であるということが、まずは私たちの社会全体を覆うコミュニケーション不全状態のあらわれであるといえるでしょう。そしてさらに大きな問題は、この全く対極的に見える二つの態度が、実は「視聴率」の存在に対して無批判であるという点において、前提を共有していることにあります。ここにも「不祥事」を呼び込む構造が見え隠れしています。

古くて新しい問題——視聴質

それでは、「視聴率」はこれまで全く批判の対象にならなかったか、というとそうではありません。むしろ逆に、テレビ草創期から数々の批判にさられてきたといえましょう。その代表的なトピックとして、「視聴質」という概念をめぐる論争があります。「視聴率」はあくまで量的な指標であり、そこから「質」を読み取ることはできない——こうした論調は、言うまでもなく「高視聴率番組」を〝成功した番組〟としてもちあげる傾向が強いことに対する批判、すなわち「視聴率」データを安易に利用した番組や局の評価に対する批判をベースに立てられたものです。

古くは一九五六年の大宅壮一による「一億総白痴論★19」に始まり、一九八七年二月のＴＢＳの春の新番組発表会席上におけるフジテレビ批判など、この「視聴質」概念を持ち出しての「視聴率」批判はテレビ史の節目ごとに現れ、論議を巻き起こしてきました。しかし、これらの論争は、残念ながら今日に至るまで「視聴率」批判の決定打となる成果を出せていません。それは、この「視聴質」という概念の弱さにあります。

★19　一億総白痴化　一九五七年の流行語となったこのことばは、必ずしも社会評論家、大宅壮一（一九〇〇〜一九七〇）ひとりの発言がもとになったものではない——いわゆるこれ自体も〝時代のことば〟であったことを北村充史は詳細なリサーチとともに浮かび上がらせている（『テレビは日本人をバカにしたか——大宅荘一と「一億総白痴化」の時代』（二〇〇七、平凡社新書）。本書で引用したコンタクトの「感覚」に関わる言及については、一二二頁、一五九頁参照。

単純に視聴率が表す「量」に対して「質」ということばを放っても、そこにはいくつかの異なる解釈が可能です。第一には「番組そのものの内容の〝質〟」、そして第二に「放送の公共性の観点から万遍なく視聴者の関心に適合した番組をつくっているか（偏った特定の年齢層だけにおもねる番組になっていないか――先のTBSの批判はこれにあたる）という、視聴者の広がりという意味での放送の〝質〟」、さらには「インパクトや刺激だけに反応しているのではない、充実した視聴の実現という意味での〝質〟」。これまでの「視聴質」論争は、肝心な「質」概念がこうした三つの解釈に分裂していたにも拘わらず、それに対して無自覚に、「視聴率」を糾弾することだけに終始してきたように見えます。

こうした論争のはじまりに位置づけられる大宅壮一の主張は、一般的には一番目の「番組の質の良し悪し」に向けられているものとして受け取られてきました。しかし視覚の刺激（視る興味）も、「質を考えずに度だけ追っていくと、人間のもっとも卑しい興味をつつく方向に傾いていく」という彼のことばの意味をよく考えると、一見「番組内容の質」を言っているようで、実は「視聴」という行為のあり方――すなわちコンタクトの質に注目していることがわかります。またTBSの批判も、同様に「どの層の視聴者が、どのように番組を選んでいるのか」というコンタクトの状況を問題にしていることがわかります。

原点にもどれば、「視聴率」調査は本来、テレビというメディアに対するコンタクト実態への接近の試みなのであって、それ自体は、番組やメディアの評価に対してはニュートラルなはずです。だから、大宅やＴＢＳの本意がどこにあるのかを考慮せずに、短絡的に「視聴率ではダメ、視聴質調査が必要」と叫ぶ声の多くは、どうもこの調査への批判としては、大事なボタンを掛け違ってきたような気がします。

そもそも「番組の品質」なるものの評価の対象は、「メッセージ」なのであって、「視聴率」とは全く異なる次元から問題に接近していくべきものです。それに対して、大宅やＴＢＳの問題提起は、あきらかにコンタクトを対象にしています。このことは「視聴率調査」をはじめとするコンタクトの実態への接近を図るための調査の意義、今後のあり方を考えるうえで、重要な示唆を私たちに与えてくれています。

「視聴率」を無批判に利用するのでもなく、「視聴率」を乱暴に否定して無規定に「視聴質」概念にすがるのでもなく、「視聴率」およびそれに類する調査結果を、批判的に吟味していくことこそが、とりわけ大きなメディア環境の変化に直面する今は、必要なことなのではないでしょうか。そのアプローチは、「視聴率」の存在自体を問うことにもつながり、さらには「視聴率」が「貨幣」として機能しつづけることによって形づくられてきた、放送というこの社会システムに対する批判的論及にも発展していくことができます。したがって私たち

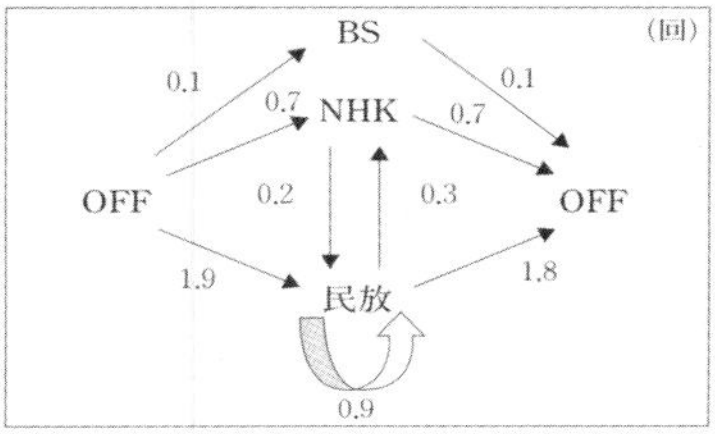

『チャンネル変更回数』(関東地上／衛星)

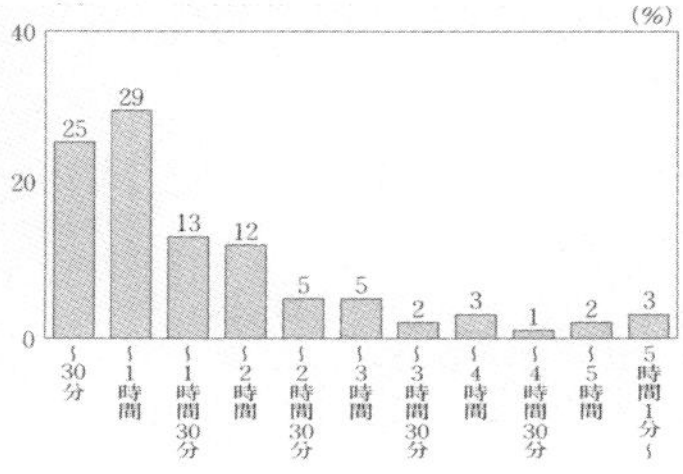

『視聴継続時間別の分布』(週平均)

図03　視聴データ(量)から視聴パターン(質)へのアプローチ例

は「率」を単純な「量」として捉えるのではなく、その数値から「傾向」「変化」を確認し、そこから視聴の、すなわちテレビ的なメディア・コンタクトの「質」への論議に接近していくことを考えなければならないのです。

近年のＮＨＫの調査では、こうした視聴率から、視聴の「質」――視聴行動：開始や終了の動き、チャンネル変更などの動向、にアプローチする試みがはじまっているようです（上村秀一「テレビ視聴回数と視聴継続時間」★20）。これまで行ってきたＮＨＫの「視聴率調査」から、視聴行動の「構造」「パターン」がいくつか発見されています。「われわれ」は、果たしてテレビを〝見ている〟のか〝見せられている〟のか、その実態が徐々にではありますが、明らかになってきています。「量」から「質」へのアプローチ。そこにこそ、「われわれ」とテレビとの関係から、人間の主体性と情報環境の関係を問いはじめる「入口」があるのです。

★20　上村修一「テレビ視聴回数と視聴継続時間」(ＮＨＫ放送文化研究所編『放送研究と調査年報2005』二〇〇五、日本放送出版協会)
複数の視聴データを重ね合わせるだけで、視聴行動の実態に迫ることができることを示した好分析例。

☆図03参照。

2　メディア・コンタクトと揺らぐ行動規範

視聴率にみる「テレビ五〇年」

「視聴率」からコンタクトの「質」にアプローチするための手がかりとなるデータは、先に挙げたビデオリサーチのWebサイトにも、潤沢に掲載されています。その一つが『全国高世帯視聴率番組50』――視聴率調査が開始された一九六二年一二月三日から直近まで（この原稿を書いている二〇〇八年一月時点では二〇〇六年六月二〇日まで）の高視聴率番組ベスト50のランキングデータです。このデータは、テレビがその五〇年の歴史の中でどのようにわれわれ」との関係（コンタクトの質）を変化させてきたかを教えてくれます★21。

まず、一見しただけでも気がつくことを、いくつか上げていきましょう。

(1)このランキングにはずらりと一九六〇年代の番組がならんでいます。特に上位に行くほどその割合は高く、ベスト25番組のうちの実に17が一九六〇年代です。「オリンピック・ワールドカップサッカー・大相撲・高校野球などは、大会・場所ごとに、最高のもの一番組」「プロ野球公式戦は局別に最高のもの一番組、オールスター・日本シリーズは年ごとに最

★21 ビデオリサーチ「全局高世帯視聴率番組50」

ビデオリサーチのサイトの「データコーナー」にある。他に週間高世帯視聴率番組10、各ジャンル別高視聴率、一九九五年以降の年間高世帯視聴率番組30などのランキングデータが公開されている。

http://www.videor.co.jp/data/ratedata/all50.htm

☆図04参照。

	番組名	放送日	放送開始	放送分数	放送局	番組平均世帯視聴率(%)
1	第１４回ＮＨＫ紅白歌合戦	1963年12月31日(火)	21:05	160	ＮＨＫ総合	81.4
2	東京オリンピック大会（女子バレー・日本xソ連　ほか）	1964年10月23日(金)	19:20	220	ＮＨＫ総合	66.8
3	2002FIFAワールドカップTMグループリーグ・日本xロシア	2002年6月9日(日)	20:00	174	フジテレビ	66.1
4	プロレス（ＷＷＡ　世界選手権・デストロイヤーx力道山）	1963年5月24日(金)	20:00	75	日本テレビ	64.0
5	世界バンタム級タイトルマッチ（ファイティング原田xエデル・ジョフレ）	1966年5月31日(火)	20:00	86	フジテレビ	63.7
6	おしん	1983年11月12日(土)	8:15	15	ＮＨＫ総合	62.9
7	ワールドカップサッカーフランス'98日本xクロアチア	1998年6月20日(土)	21:22	128	ＮＨＫ総合	60.9
8	世界バンタム級タイトルマッチ（ファイティング原田xアラン・ラドキン）	1965年11月30日(火)	20:00	86	フジテレビ	60.4
9	ついに帰らなかった吉展ちゃん	1965年7月5日(月)	7:35	25	ＮＨＫ総合	59.0
10	第２０回オリンピックミュンヘン大会	1972年9月8日(金)	7:21	51	ＮＨＫ総合	58.7
11	ゆく年くる年	1963年12月31日(火)	23:45	15	ＮＨＫ総合	57.4
12	世界バンタム級タイトルマッチ（ファイティング原田xベルナルド・カラバロ）	1967年7月4日(火)	20:00	86	フジテレビ	57.0
13	旅路	1968年3月9日(土)	8:15	15	ＮＨＫ総合	56.9
14	ザ・ビートルズ日本公演	1966年7月1日(金)	21:00	60	日本テレビ	56.5
15	おはなはん	1966年9月19日(月)	8:15	15	ＮＨＫ総合	56.4
16	ありがとう	1972年12月21日(木)	20:00	55	Ｔ　Ｂ　Ｓ	56.3
17	あしたこそ	1969年1月31日(金)	8:15	15	ＮＨＫ総合	55.5
18	ボリショイサーカス中継	1963年7月16日(火)	19:30	45	ＮＨＫ総合	55.3
18	澪つくし・最終回	1985年10月5日(土)	8:15	15	ＮＨＫ総合	55.3
20	繭子ひとり	1972年2月10日(木)	8:15	15	ＮＨＫ総合	55.2
21	世界バンタム級タイトルマッチ（ファイティング原田xエデル・ジョフレ）	1965年5月18日(火)	20:00	86	フジテレビ	54.9
22	世界バンタム級タイトルマッチ（ファイティング原田xジョー・メデル）	1967年1月3日(火)	20:00	86	フジテレビ	53.9
23	ニュース（吉展ちゃん事件）	1965年7月5日(月)	8:00	15	ＮＨＫ総合	53.6
24	世界バンタム級タイトルマッチ（ファイティング原田xローズ）	1968年2月27日(火)	20:00	86	フジテレビ	53.4
25	藍より青く	1972年9月8日(金)	8:15	15	ＮＨＫ総合	53.3
25	鳩子の海	1975年3月22日(土)	8:15	15	ＮＨＫ総合	53.3
27	第１１回冬季オリンピック札幌大会	1972年2月11日(金)	9:30	180	ＮＨＫ総合	53.1
28	赤穂浪士	1964年11月29日(日)	21:30	45	ＮＨＫ総合	53.0
29	サッカー・2006FIFAワールドカップTM日本xクロアチア	2006年6月18日(日)	21:35	175	テレビ朝日	52.7
30	大相撲初場所・千秋楽（千代の富士初優勝）	1981年1月25日(日)	16:37	83	ＮＨＫ総合	52.2
31	宇宙中継・オリンピックメキシコ大会	1968年10月25日(金)	7:20	60	ＮＨＫ総合	51.8
31	北の家族	1974年3月1日(金)	8:15	15	ＮＨＫ総合	51.8
33	プロレスリング（ＷＷＡ世界選手権・豊登xデストロイヤー）	1965年2月26日(金)	20:00	76	日本テレビ	51.2
34	ニュース（連合赤軍・浅間山荘事件）	1972年2月28日(月)	9:40	640	ＮＨＫ総合	50.8
34	第１９回輝く日本レコード大賞	1977年12月31日(土)	19:00	115	Ｔ　Ｂ　Ｓ	50.8
34	第６０回全国高校野球選手権大会・閉会式	1978年8月20日(日)	14:20	65	ＮＨＫ総合	50.8
37	世界フライ級王座決定戦（ホラシオ・アカバロx高山勝義）	1966年3月1日(火)	20:00	86	フジテレビ	50.7
38	ベン・ケーシー	1963年1月11日(金)	21:30	60	Ｔ　Ｂ　Ｓ	50.6
38	田中総理中国へ	1972年9月25日(月)	7:35	55	ＮＨＫ総合	50.6
38	大相撲春場所・千秋楽（貴ノ花　初優勝）	1975年3月23日(日)	17:03	57	ＮＨＫ総合	50.6
38	ノンちゃんの夢	1988年9月24日(土)	8:15	15	ＮＨＫ総合	50.6
42	８時だヨ！全員集合	1973年4月7日(土)	20:00	55	Ｔ　Ｂ　Ｓ	50.5
43	おていちゃん	1978年9月11日(月)	8:15	15	ＮＨＫ総合	50.0
43	ニュース・天気予報（台風18号関連）	1982年9月12日(日)	19:00	20	ＮＨＫ総合	50.0
43	もうひとりのおしん	1983年8月17日(水)	8:15	15	ＮＨＫ総合	50.0
46	マー姉ちゃん	1979年9月25日(火)	8:15	15	ＮＨＫ総合	49.9
47	ゆびきり	1973年1月25日(木)	20:00	55	Ｔ　Ｂ　Ｓ	49.8
48	はね駒	1986年8月30日(土)	8:15	15	ＮＨＫ総合	49.7
49	武田信玄	1988年2月14日(日)	20:00	45	ＮＨＫ総合	49.2
50	鮎のうた	1980年3月6日(木)	8:15	15	ＮＨＫ総合	49.1

図 04　『全局高世帯視聴率番組 50』（関東地区、視聴率調査開始 62 年 12 月 3 日～ 06 年 6 月 20 日）

高のもの一番組」「紅白歌合戦・レコード大賞は最高のもの一番組」という抽出条件なので、実際にはもっと六〇年代の番組の比率は高いのかもしれません。ベスト50全体では、一九六〇年代の番組は22、一九七〇年代は16、一九八〇年代は9、一九九〇年代以降がわずか3――いずれにしても、八〇年代以降は極端な減り方をしています。

(2)上位45位までが、実に平均視聴率五〇％以上。おおよそ全国の半分以上の世帯のモニターでは、この番組を映し出していたことになります。ちなみに、同じくビデオリサーチのサイトに掲載されている二〇〇一年以降各年の「年間高視聴率30」の表と比べるとその差は歴然で、『全国高世帯視聴率50』にランクインしている二〇〇二、二〇〇六年のワールドカップ本選の中継を除けば、ここ数年では平均視聴率五〇％を超える番組は全くありません。

(3)ランキング上位には、テレビ視聴の特性を示唆するような番組が集まっています。

①紅白歌合戦（抽出条件を外せば、実に第二部は一九九九年まで五〇％を超え続けていた　※一九八九年のみ四七・〇％）

②オリンピックもしくは、スポーツの国際試合（これらは国内スポーツ、大相撲やプロ野球より、はるかに高い視聴率をたたき出している）

③朝の連続テレビ小説（大河ドラマも平均的に高い視聴率を上げてきたが、このランキングに入っているのは一九六四『赤穂浪士』のみ）

④衝撃的なニュース・中継（一九六三「ボリショイサーカス」、一九六五「吉展ちゃん事件」、一九六六「ビートルズ来日」、一九七二「浅間山荘事件」、一九七二「田中総理訪中」、一九八二「台風18号」）

このランキングは、かつて草創期において、テレビはどんな役割を担っていたかを雄弁に語ってくれます。少なくとも今日よりもこれだけ多く「みんなが見ている」番組が存在したという事実。「視聴率」調査の原則にもどって言い直すとしても、少なくともこれらの番組が放映されていた時間は、これだけのテレビ・モニターが点いていたわけです。この上位に連なる番組の特徴を見ると、明らかにそこには「国民的」な視聴とでも言えそうな生活行動が起こっていたことを読み取ることができます。

まずそれは「時間」的な秩序を担っていたことがわかります。朝の連続テレビ小説は、一九六一年に始まりますが、この番組が朝八時一五分という時間に放送され続けていた意味は大きいといえます。女性の自立と、都市と地方の機能分化という、戦後日本を特徴づける「新たな規範」を浸透させていくストーリーが、サラリーマンというこれまた戦後に一般化する新しい社会階層に組み込まれた男性たちの「出勤」後のタイミングに合わせて〝毎日、少しずつ〟、四〇年以上にわたって家庭に送り届けられてきたという事実。これと対照をなす、日曜夜八時の「大河ドラマ」とともに、テレビ番組が社会のジェンダー配置を作ってきた様子をうかがうことができます。また放送は「毎日の時間」だけでなく、歳時記をも刻みこみます。紅白歌合戦がこのランキングの一位にあるということは、旧い年を送り新しい年を迎えるという元来民俗的な儀礼に支えられていたはずの時間を、テレビが肩代わりしているということを示しています。

スポーツの中継が上位に数多く入っていることからは、この「国民的視聴」を支える心性のようなものを伺い知ることができます。戦後の人気スポーツと言われたプロ野球や大相撲などよりも、はるかに「国際試合」が多くの視聴率を獲得してきたということの意味は、一般に敗戦後の国民に特有のルサンチマン（屈折した怨恨感情）の表れとして語られてきました。しかし、その解釈だけでは説明がつかない点もあります。というのは「国際試合」は、数少ない一九九〇年代以降の高視聴率番組の代表格でもあるのです――但し、その主役はかつての格闘技（プロレス、ボクシング）から、サッカーに交代してしまってはいますが。

スポーツはそれ自体がゲームでありまた儀礼であるが故に、さまざまなものを代理表象しているといわれます。しかし、それは「テレビ・モニター」によって切り取られる時、とりわけナショナルなイメージが強化される特徴をもっています。それはテレビが、国家の位置という「空間」的秩序の生産に寄与する装置としての機能を強くもっていることを意味しています。格闘技からサッカーへ、とりわけ〝国民的ヒーローによる国体防衛〟から〝ワールドカップへの参戦〟という構図の変化は、政治的闘争からグローバル経済システムへの参加へ……という、私たちの地理感覚そのものの大きな変化を表しているように思えます。

大事な点は、この空間を切り取るテレビのモニターが家庭の中に据え付けられたという点にあります。それは生活を貫く「秩序」や「規範」が、家庭を中心とした時間・空間的配置として構築されていったことを意味します。つまり家庭を中心に社会的距離感は同心円的に広がり、私的な現在が時間軸の中で特権化していきます。そう考えると、テレビの普及期は、まさに戦後の日本人にとっての「世界イメージ」の構築期であったということができます。

テレビ的生活はいかにつくられたか

視聴率調査に表れた「テレビ五〇年」は、私たちの生活構造を映し出す鏡であるといえます。そこには大きく変化したものと、変わらないものがあります。

高視聴率番組は数的には減少する一方で、ナショナルなイメージを付与するメディア・イベント（ダヤーン、カッツ『メディア・イベント』★22）としては、その内容を変化させながらもその機能を維持しつづけています。またリニアな時間的秩序を担う番組は衰退していっていますが、その反面より一層、「いま」は過去や未来と切り離されて際立った地位を確立しつつあるようにもみえます——災害や事故などが人々の目を引きつけるという「スペクタクル的」傾向（G・ドゥボール『スペクタクルの社会』★23）は、あいかわらずそういった出来事のあった日のHUT（総視聴率＝テレビ・モニターが点いている世帯の比率）の高さに表れています。

こうした特性を考えていくと、どうやらテレビと「われわれ」の関係は、テレビジョンというメディアの技術的・物理的特性と、それを受け入れる私たちの生活のコンテクストがアーティキュレート（節合）し、その結果各々をさらに変化させながら再生産していくプロセスとして重層的に生み出されたものであると言えそうです。その重層性を考えるときにテレビがもともとどこに、どのように据え付けられたか——そしてそこからどのように移動していったかを振り返って確認していくことは極めて重要です。

草創期、テレビのインパクトを人々に浸透させていくにあたって、街頭テレビが果たした役割には確かに大きなものがあったといえます。しかしそれだけ

★22　ダヤーン、カッツ『メディア・イベント』（一九九六、青弓社、浅見克彦訳）
テレビ時代の儀式的空間、集団的記憶の形成のメカニズムを説いた画期的な研究。競技型、制覇型、戴冠型といった分類も興味深いが、それよりもこうした「作用」をめぐるメディアと権力との駆け引きや共謀関係がどのように生まれるかの分析が面白い。

★23　G・ドゥボール『スペクタクルの社会』（一九九三、平凡社、木下誠訳）
人々を受動的な「観客」の位置に押し込めてしまうオーディオ・ビジュアルの権力性を、「イメージの商品化」という資本主義論の観点から分析した。災害や事故を「テレビを介して」安全な場所から消費するという生活は、まさにこの受動的な位置が保証しているといえる。

では、「家族メディア」としてのテレビがどのようにその空間に入って行ったかを十分に説明することはできません。

飯田崇雄は、論文「「モノ＝商品」としてのテレビジョン」（ＮＨＫ放送文化研究所編『放送メディア研究（３）』★24）で非常に興味深い指摘をしています。それはこの時期、街頭テレビとともに、いやむしろそれ以上に「電気店」がテレビの普及に大きな力を発揮したというものです。飯田は松下電器の小売店向け雑誌『ナショナルショップ』に注目し、そこからテレビがその初期においては主に外交・訪問販売で家庭に入っていった様子を丹念に発掘しています。この論文によると、テレビはまさに「家にやってきた」（吉見俊哉）ものであることがわかります。『ナショナルショップ』をはじめとする当時の記録は、テレビが既存の共同体的な権威構造をトレースしながら「家庭」に埋め込まれていったこと、例えば「まるで神棚でもまつるように丁重に取り付けられた」（一二九頁）ことや、「村長さん、農協の役員さん、農事指導員、婦人会会長さんといった部落の有力者」（一三〇頁）の家庭から戦略的に設置していったことを生々しく語っています。

「電気店」を介して家庭に入っていく一方で、（都市部に限定された話ではあるが）いわゆる街頭テレビが設置された場所が、駅前商店街、寺社の境内といった地域社会の中心であったことにも注目したいと思います。もちろんそれは「人

★24　飯田崇雄「「モノ＝商品」としてのテレビジョン」（ＮＨＫ放送文化研究所編『放送メディア研究（３）』二〇〇六、丸善プラネット）
テレビジョン受像機が「モノ」として普及していく過程で、メディアや流通はどのような社会規範を下敷きにしてきたかに注目した画期的研究。元になっている学位論文は、吉見俊哉の「テレビが家にやってきた」などに引用されている。

が集まりやすい場所」を求めるというマーケティング的な目論見にすぎないのかもしれませんが、ここにもやはり「電気店」の戦略同様、「家族」——「地域社会」——「世界」という同心円的階層を構築するものとして、テレビが導入されていった様子を読み取ることができます。

少し時代はさかのぼりますが、アジア・太平洋戦争が進展するに従って強化されていったいわゆる総力戦・総動員体制は、日本社会の古い社会秩序を破壊し、敗戦後の新秩序導入を可能とする土壌を拓いたという新しい現代史解釈が昨今注目を集めています（雨宮昭一『占領と改革』★25など）。戦中から戦後の社会構造の連続性を主張するこの解釈に従えば、『ナショナルショップ』等に描かれた〝テレビ設置〟の物語群は、まさに戦時下の人々を国家へ総動員するために築いた階層秩序——部落会、町内会、婦人会などなどを、かつてのその秩序の中心から移行させていく手続きとして見えてきます。

日本のメディア研究では、このようにかつて天皇制によって構築されてきた秩序原理を、戦後普及したメディアは、ある意味「補強」し、または「代替」するものとして日常生活の中に定着していったという分析がしばしばなされてきました。

たとえば吉見俊哉は『親米と反米』において、終戦後七年間かけて、占領軍（GHQ）が「天皇」のイメージを、「御真影」に隠された〝崇拝すべき〟シンボル（権威）

★25　雨宮昭一『シリーズ日本近現代史7　占領と改革』（二〇〇八、岩波新書）

二〇〇六年にスタートしたシリーズ。「家族や軍隊のあり方、植民地の動き」などこれまであまり論じられてこなかった側面に光をあて、日本の近現代史の「常識」を検証していく。総力戦体制の形成が戦後に果たした役割を通じて、戦前—戦後の連続性を論じる展開は画期的。

から、写真うつりの良い「人間天皇」に移行させていった過程を検証しています★26。また阿部潔は「家族と国家の可視化と「ナショナルな主体」の想像／創造」という論文で、テレビ（受像機）が家庭の中で、「御真影」がかつてあった位置のすぐ近くに「神棚のように」据えられ、それは新たな〝親しまれるべき〟天皇の姿を映し出す装置（例えば『皇太子ご成婚』中継から『皇室アルバム』まで）として機能しはじめるさまについて言及しています★27。

特に吉見は、テレビと天皇制の関係について、こうした直接的な「代替」「補強」関係だけでなく、相互に「隠喩」的な機能を発揮することによって、権威の内面化を推し進めていったと主張します。確かにテレビは「三種の神器」のひとつとして家庭に入り、「神武景気」「岩戸景気」といった神話的タームを媒介にして、普及を進めていきます。また「テレビを買う」のではなく「テレビが家にやってくる」という感覚も、天皇の〝地方巡幸〟――おらが村に陛下が〝やってくる〟というイメージと重なります。そう考えると、テレビの本放送が始まった一九五三年がサンフランシスコ講和条約発効の翌年であるというタイミングがもつ意味についても、考えてみたくもなります。

しかしこれらの指摘を、単純な「イメージ」の重なりを手掛かりとした「テレビ・ナショナリズム」論に回収させてしまっては、問題の本質を見落としてしまう危険があります。むしろこうした対応関係の数々から、私たちはそれを

★26　吉見俊哉『親米と反米』（二〇〇七、岩波新書）
戦前戦後を通じて、もしかすると日本は常に「親米」的であったのではないか――との仮説を検証していく大胆な論説。戦前―戦後の連続性という点に光を当てたという意味では雨宮（前掲書）に問題意識は近いが、こちらは「イメージ」の形成や乗り換え過程に注目している。

★27　阿部潔「家族と国家の可視化と「ナショナルな主体」の想像／創造」（小林直毅・毛利嘉孝編『テレビはどう見られてきたのか』二〇〇三、せりか書房）
「オーディエンスとは誰なのか」――という問いを軸にテレビの自明性を解体し、「見る」という行為と、そこに生成される視覚的テクストの関係を考える、「テレビ50年」を機に編まれた論説集。この阿部論文ではＴＢＳ系の長寿番組「皇室アルバム」を分析し、そこから新たな皇室観の生成とメディア表象の関係性を論じている。

可能にしていた社会構造の、継承と変化の問題として論ずる方向に向かっていかねばならないと考えます。

注目すべきは、テレビの家庭への導入の前提を用意した権威的秩序や総動員的規範が、その後はどうなったのかという点にこそあるといえます。テレビは、家庭に入っていった後、その技術が支える複製芸術的な性格★28と消費社会的な日常性によって、当初テレビが寄りかかっていた秩序原理を逆に徐々に変化させていったのではないかと思われます。テレビ導入後の「家庭」には何の機能が残り、何が失われていったのか、そして現代人にとって「家庭」は何を意味する場となっていったのか——それこそがまさに視聴率のこの五〇年の変化と重ねてみるべき問題なのだと思います。

家族とテレビの関係の変化

テレビが「三種の神器」ということばとともに、家庭に入っていく過程は——再び吉見俊哉の研究(『メディア文化論』)によると——メディアに向き合う「ジェンダー」のポジションを大きく動かしていきます。街頭テレビで空手チョップに歓声を上げる男性から、家庭電化を経て民主化の主体として浮上した主婦への〝テレビを見る人〟の主役交代は、出稼ぎ労働の日帰り版とも言える男性

★28　複製芸術
W・ベンヤミン『複製技術時代の芸術』(一九九九、晶文社)によって問題提起された、複製を前提としたメディアや科学技術によって生成される作品。オリジナルとコピーの境目の喪失。「アウラ」なき歴史性の欠如が、表現に何を与えるのか——という根源的問いを象徴することば。ベンヤミンの「時間と空間の超克」という観点は、本書の問題意識の源泉ともなっている。

のサラリーマン化、すなわち「世帯主の家庭離れ」を象徴する流れでもあります。それと同時に「家庭」は、そこを生活の場とする「家族」、そしてその個々の成員にとっての世界イメージを構成する拠点であるというポジションを変えないまま、その社会全体と個人を結ぶ関係を変質させていくことになります。

井田美恵子は「テレビ五〇年」に合わせて、「家族」およびその成員が、「家庭」の中でどのようにその振る舞いを変えていくかを、〝テレビの見方〟の変化として追跡していく、興味深い論文を発表しています（「テレビと家族の50年――〝テレビ的〟一家団らんの変遷」★29）。それによると、この五〇年は次のように大きく三つの時期に区分できるといいます。

第一期　一九五三〜一九七四年――濃密な家族視聴の誕生
第二期　一九七五〜一九八四年――個別視聴のきざしと家族視聴の変質
第三期　一九八五〜現在（二〇〇三）――個別視聴の拡大とテレビとの団らん

井田はこの論文で、いくつか注目すべき指摘をしています。第一に「家族視聴」はテレビの導入によって創造された――いやむしろ「戦後家族」の絆自体が、テレビを集中してみることを通じて生産されたこと。そしてもうひとつ。第二期に、テレビと「われわれ」の関係の大きな転換があったということ。テレビのインパクトによって構築された新しい家族の絆は、テレビの魅力に陰りが見え始め、サブテレビが導入されるとともに、視聴空間が「個室」へと分

★29　井田美恵子「テレビと家族の50年――〝テレビ的〟一家団らんの変遷」（『NHK放送文化研究所　年報2004』二〇〇四、日本放送出版協会）NHK放送文化研究所が実施した過去の調査結果を組み合わせて分析することから、テレビの受容単位としての「家族」、およびその「家族」とテレビの関係がどのように変化したかを考察した画期的研究。

散化しはじめ、解体されていきます。番組自体も『岸辺のアルバム』（TBS、一九七七）に代表されるようにこうした家族の分散を象徴する内容が増え始め、また家族内で乏しくなり始めた「会話」をテレビが埋める――離散する家族関係をテレビが補うという新たな関わりが生まれていきます。さらにその後第三期になると、テレビの個別視聴は一段と進み、もはや家族とではなく、「テレビと団らんする」人々があらわれます。こうしてテレビが「家族」を包み込み、テレビの中に「家族」が存在するかのような感覚が一般化していきます。

井田は「テレビと家族」の関係の変化を、テレビ視聴の分散化が家族の絆を解体させていくプロセスとして描いています。これ自体も重要な指摘なのですが、加えてこの流れが視聴単位だけではなく、視聴の濃密さにかかわる問題であるということを述べている点に注目したいと思います。第三期の「テレビを団らんの相手とする」「テレビに包み込まれた」段階では、視聴者はもはや〝テレビを見ている〟というよりも、〝テレビが点いている〟ことを確認し、時折その刺激に「反応」するかのようにそれに対して〝振り向く〟といったような、一種の感覚器官になっている――と、井田は言います。

視聴率データを見ると、そこにはさまざまな変化を読み取ることができます。その動きはおおむね、井田が指摘する「家族」の変化に対応しているようにみえます。しかし一方で、草創期以来の変わらぬ傾向も、そこに見て取ることができます。それはテレビというメディアの際立ったスペクタクル性と、その衝撃を「家庭」という生活拠点から〝遠い眼で眺める〟という視聴態度です。そのことは今も昔も災害報道や衝撃的事件の実況、そしてスポーツに代表されるメディア・イベントが高い視聴率を記録することに表れています。ところが近年はその「家庭」が、その成員である「家族」の離散化とともに、徐々に拠点としての機能を失いつつあるのです――番組内容にもこのことは反映されています。

視聴率の歴史にみるテレビの生活への浸透は、当時の「家族」が置かれた秩序原理に従って進んできました。しかしテレビを受容していくことによって、そのメディアによって媒介される「家庭」の空間的輪郭は皮肉にも自壊していきます。このテレビと家族の関係の変化は、いったい何によってもたらされたのでしょうか。この変化の中にテレビ的メディア・コンタクトの本質が隠されてはいないでしょうか。

NHK『国民生活時間調査』への注目

テレビに対する視聴行動、いわゆるコンタクトの質的側面に注目した先駆的研究に、バーワイズとエーレンバーグの『テレビ視聴の構造』があります★30。イギリスで行われた視聴動向調査をベースとしたこの報告から、「私たち」に

★30　バーワイズ、エーレンバーグ『テレビ視聴の構造』(一九九一、法政大学出版局、田中義久+伊藤守+小林直毅訳)
視聴行動分析、新しいメディア(ビデオ)の普及や経営資源に対する言及など、八〇年代の転換期における盛り沢山のテレビ論。出版されて二〇年たってなお古さを感じない、テレビ視聴の特性をみごとに捉えた第二部の「分析」部分の先駆性には驚かされる。

とってテレビとはいかなる存在であるか、その本質を問う手掛かりをいくつか読み取ることができます。

バーワイズらが見出したテレビ視聴の四つの傾向とは——

(1) テレビ番組は印刷媒体ほどセグメント化されていない。(四三頁)

(2) 異なる番組間の特筆すべき「組み合わせ」はない。(五三頁)

(3) 反復視聴のレベルは低い。視聴率の低い番組ほど、さらにそのレベルは低い、にもかかわらず番組に対する忠誠はある(つまみ食い視聴)。(六三、六八頁)

(4) 「二重の危険性」パターン:視聴率の低い番組は、選好度(忠実度・要求度)も低い、しかし、「視聴者に努力を要求する番組」では、これは当てはまらない。(八四、八五頁)

この四つの傾向を総合してみると、テレビと「われわれ」の間にある関係は、基本的に〝薄くて、幅広く、散漫である〟という結論が見えてきます。今から、二〇年も前の調査と分析であるにも拘わらず、この結論は、井田美恵子が指摘した現在の日本における〝生活を包み込み〟〝感覚器官化する〟テレビと「われわれ」の関係把握を先取りしているようにみえます。

しかしこの「薄さ」「広さ」という関係性は、テレビが「家族」という秩序維持・再生産装置と、その草創期から今日まで二人三脚で進んできたという事実と、どうもしっくり結びつかないような気もします。この違和感は何なので

★31 J・フィスク『テレビジョンカルチャー——ポピュラー文化の政治学』(一九九六、梓出版社、伊藤守ほか訳)
記号学、言語学、精神分析などの知見をメディア研究に援用し、リアリズム、ジェンダー、相互テクスト性、カーニバルなど基礎的な概念装置を収めた「カルチュラルスタディーズ」的テレビ分析のバイブル。D・モーレーら同時代のテレビ研究に対する言及も豊富。

しょうか。バーワイズらの調査がイギリスで行われたものだからでしょうか。

しかしテレビと「家族」の関係は、かならずしも特殊日本的なものではないことは、J・フィスクの『テレビジョンカルチャー』★31などを見ると明らかです。テレビはとりわけ草創期、「家族」に対して呼びかけるメディアであったのです。もちろん「家族」がどのような社会的な機能を果たしてきたかは、その国によってさまざまではありますが、ある意味、近代社会における「都市型家族」の形成と、放送メディアの普及の間には、R・ウィリアムズが『テレビジョン・テクノロジー・アンド・カルチュラルフォーム』で指摘したように、普遍的な補完関係があったのかもしれません★32。

感覚器官化に向かう「テレビ」と解体する「家族」――この関係をさらに掘り下げてみていくためには、視聴率データの歴史と対比可能な経年調査に向き合う必要がでてきます。NHK放送文化研究所が実施しつづけてきた『国民生活時間調査』は、こうした観点から、極めて重要な検討対象であるといえましょう。

『国民生活時間調査』が始まったのは一九六〇年。これもやはり視聴率調査と同じ〝テレビの黄金時代〟に差し掛かった時期から続いてきた調査です。コンタクトの対象をテレビに限定し、〝メディアの側から〟効率的に常時測定するシステムを確立させたのが「機械式視聴率調査」だとするならば、この『国民生活時間調査』は、〝生活の側から〟メディア接触の実態を捉え、さまざま

★32　R・ウィリアムズ「テレビと社会」(Television, Technology, and Cultural Formから抜粋)(クローリー、ヘイヤー『歴史のなかのコミュニケーション――メディア革命の社会文化史』一九九五、新曜社、林進、大久保公雄訳)
テレビジョンの情報の流れの特徴を表した「フロー」や、その普及を支えた「モバイル・プライバタイゼーション(移動型私生活主義)」など、数々の画期的な概念を提示した論文ながら全文は未邦訳。クローリーとヘイヤーが編んだこのアンソロジーは、このように重要でありながらなかなか出会う機会がない論文を数多く収めている。他にH・イニスのEmpire and Communications からの抜粋など。

な行為との関係の中にそれらを位置づける調査として設計されたもので、その意味では視聴率とは対極の位置づけにあるといえます。しかも日本人の生活行動の変化を時間という一元的尺度でとらえようとしたという点では、視聴率同様に単純化された経年比較可能な指標が定義されており、その意味でも好対照の調査であるということができます。

ともにメディア接触の実態にアプローチする手掛かりを与えてくれる調査であるにも拘わらず、しかしながらこれまで『国民生活時間調査』は「視聴率」と関係づけられて論じられることはあまりありませんでした。その理由としては、先に触れたように「視聴率」に関するさまざまな表層的問題が災いしている側面があることは否めません。しかしそれ以上に、この調査とビデオリサーチが実施している「機械式視聴率調査」との直接的な目的の違いが、この両者の関係を遠ざけてきたといえます。

視聴率調査の第一の目的はすでに確認したように、私企業としての民間放送の事業収益を支える「広告収入」の物差しとしての機能にあります。対して『国民生活時間調査』の目的は、まずは調査結果を「視聴者の生活に則した番組編成などのための基礎資料として」、NHK内で活用することにあります。またNHK外にも幅広く公開され、日本人の生活実態を明らかにする基本データとして幅広く利用される——すなわち「公共放送」を自ら標榜するNHKが実施する、極めて「パブリック」な目的に奉仕する調査であるといえます★33。

このコントラストは、既に確認したような民間放送とＮＨＫの立ち位置や、両者の「視聴率」をめぐる解釈の違いなど、メディアと「われわれ」の関係の多層性を示唆してくれるものです。だからこそ「機械式視聴率調査」と『国民生活時間調査』をともに参照しながら、コンタクトの問題を考えていくこととは、〝メディアの側から〟見出したパターンや傾向を、〝生活の側〟に照らして、立体的な検証に取り組むことを意味するわけです。

ところで最も直近に実施された二〇〇五年の『国民生活時間調査』は、その「生活」それ自体が、それまでの連続的な傾向から大きな変化の局面に差し掛かっていることを、さまざまな点から明らかにしました★34。そうしたことからも、今こそ、この調査の意義と結果を評価する大事なタイミングにあるといえましょう。

指標と分類にみるイデオロギー性

『国民生活時間調査』の基本的な指標は「時間」です。この指標は、調査を合理的に行うために定められたものである一方で、しかしそれは恣意的に選ばれたものではなく、この調査の目的から必然的に導かれたものであるといえます。

既に見てきたように「視聴率」の「率」は（機械的に代替したものではありますが）

★33　ＮＨＫ放送文化研究所編『日本人の生活時間――ＮＨＫ国民生活時間調査〈2005〉』（二〇〇六、日本放送出版協会）「編成」に役立てること以外の、もうひとつの国民生活時間調査の目的――日本人の生活実態を明らかにするために、調査結果に基づいて図表化、解説を加え、五年に一度出版されるシリーズの二〇〇五年版。この本でも〝二〇〇五年は日本人の生活の転換点か〟と、本書の問題提起と近い「まとめ」がなされている。

★34　ＮＨＫ放送文化研究所『2005年国民生活時間調査報告書』「国民生活時間調査」の方法とその特徴、当該年度調査のポイントなどが簡潔にまとめられている。実際に用いられた調査票も掲載されている。http://www.nhk.or.jp/bunken/new_06021001.html

☆図05参照。

10月23日（日曜日）7 1

午前の生活

◆23日（日曜日）のお天気は？
番号に○をつけてください

1. 雨はふらなかった
2. 一時、雨がふった
3. ほとんど1日中、雨がふった

◆23日（日曜日）のあなたの行動は？
起きた時刻・寝た時刻を記入し、以下の行動をしたかどうか○をつけてください

起きた時刻 →（午前・午後　時　分ごろ）
寝た時刻 →（午前・午後　時　分ごろ）
朝食→食べた，食べなかった／昼食→食べた，食べなかった／夕食→食べた，食べなかった
仕　事 → した，しなかった
在宅状況 → 自宅から外に出なかった，自宅にいたり出かけたりした，まったく自宅にいなかった

起きた時刻からではなく午前0時から記入してください

「自宅にいた時間」の欄も忘れずに記入してください

01 02 03 04 05 06 07 08 09 10 11 12 13 14 15 16 17 18 19 20 21 22 23 24 25 26 27 28 29 30 31 32 33 34 35 36 37 38 39 40 41 42 43 44 45 46 47 48

午前0時　30　1時　30　2時　30　午前3時　30　4時　30　5時　30　午前6時　30　7時　30　8時　30　午前9時　30　10時　30　11時　30　12時

自宅にいた時間	01
すいみんをとる（30分以上）	02
洗面・入浴・着替えなどの身のまわりの用事	03
食事をする	04
通　勤（往復）	05
仕事をする	06
仕事上のつきあい	07
通　学（往復）	08
授業・学校の行事・部活動・クラブ活動	09
宿題・予習・復習・塾の勉強	10
炊事・掃除・洗濯をする	11
買い物をする	12
子どもの世話をする	13
その他の家事をする（片付け物・用事・病人の世話など）	14
社会参加（PTA・地域活動・冠婚葬祭・ボランティアなど）	15
つきあい・交際・おしゃべり	16
スポーツをする	17
行楽地へ行く・散策する・ぶらぶら歩く	18
趣味・娯楽・けいこごとをする・あそぶ	19
趣味・娯楽・けいこごと・あそびでインターネットを使う	20
テレビを見る	21
ラジオを聞く	22
新聞を読む	23
雑誌・マンガ・本を読む	24
CD・MD・テープを聞く	25
ビデオを見る	26
休息をとる	27
療養する・診療を受ける	28
その他	29

（分類できない行動は、すべてここに具体的に書いてください）→

午前0時　30　1時　30　2時　30　午前3時　30　4時　30　5時　30　午前6時　30　7時　30　8時　30　午前9時　30　10時　30　11時　30　12時

01 02 03 04 05 06 07 08 09 10 11 12 13 14 15 16 17 18 19 20 21 22 23 24 25 26 27 28 29 30 31 32 33 34 35 36 37 38 39 40 41 42 43 44 45 46 47 48

図05　調査票

テレビという特定のメディアに対象を固定し、そこに集められたアイボール（目玉）の数をあらわしています。すなわちその「量」は特定のメディアを中心とした、共時的な世界の、空間の広がりを示しています。それに対して『国民生活時間調査』は、あるひとりの人間を対象として、そこにおこるさまざまな行動を記録していくシングルソースデータにもとづくもので、統計的に処理されたその「量」は平均的なひとりの人間が費やす時間の大きさを表すものとなります。

しかしここで扱われている「時間」はあくまで調査手法上、便宜的に切り取られた時間であり、数値を読むにあたっては、まずその条件を理解する必要があります。それは、すべての行為はあらかじめ調査票に記されたコードに合わせて分類され、しかも一五分単位でその行為は記録される――つまりそこには、連続して一五分に満たない行為は記録されないという制約があります。さらに、その行為時間は調査対象者の自己申告によって専用の調査票に記録されます。横軸に時刻（時・分）縦軸に行為分類のマトリックスに書き入れる際には、当然調査対象者の解釈が介入します。

その解釈の揺らぎを避けるために、この調査では各項目の分類定義がきっちり定められています。こうした設計の厳密さには、さすがに伝統ある調査といった感じを受けます。しかし（あらゆる調査がそうですが）こうした項目の設定の仕方や定義、項目分類の考え方を整えれば整えるほどに、そこには当然ながら、主題である「国民生活」をどのように記述していくかという方針に関わるイデオロギー的側面が見え隠れしてきます。それは基本的な指標、行為分類の双方に表れています。

調査票に記入されたさまざまな行為に費やされた時間は、まず以下の四つの指標に取りまとめられます。

- 行為者率：ある時間幅（一五分・六時間・二四時間）に該当の行動を少しでも（一五分以上）した人が全体の中で占める割合
- 平均行為者率：一五分ごとの行為者率を基本単位として、ある時間幅（三〇分・一時間など）にあわせて、行為者率を平均化したもの
- 行為者平均時間量：該当の行動を少しでも（一五分以上）した人がその行動に費やした時間量の平均
- 全員（体）平均時間量：該当の行動をしなかった人も含めた調査相手全体がその行動に費やした時間量の平均

この作業によって〝日本人の生活行為の標準的な像〟が浮かび上がります。しかしこの「標準化」の手続きは、この数値に表わすことができないさまざまなプロフィールによる生活行為の差異を捨象してしまいます。もちろん『国民生活時間調査』では、年代や居住地域、職業などの属性別の数値もしっかり発表していますが、それらは「平均値」「標準値」に対する補完的な位置づけ

にとどまって見えてしまうことは否めません。

このことが今日では、メディア・コンタクトの実態をめぐって――とりわけ「テレビの視聴時間」についての〝解釈のズレ〟を引き起こしています。二〇〇五年の調査報告書の文面を引用するならば、それは「依然、長時間が続いている」とされています。しかしこの時間の長さは、人口全体における高齢者比率の急速な高まりと、高齢者に限定された視聴時間の伸びに支えられています。一方で、属性別にみるならば、二〇歳男性では、全体の約二割ですでにテレビ視聴時間が一五分を切るという状況も出始めています。しかしこの事実、すなわち視聴行動の世代別のばらつきは、「平均値」の陰に隠されてしまっているのです。つまり私たちは、この調査結果を引用して「テレビの安定した長時間視聴傾向」と「若年層に顕著になった陰り」のどちらにも焦点を当てて論じることができてしまいます。

これは、国民の生活行動を「平均値」という一様の傾向として総括することの難しさを表す一例であるといえます。しかしそれ以前に、そもそもこの調査は設計上「生活行為の多様さ」を表しづらくなっている、という点を指摘しておかねばならないでしょう。それは調査票の表側に並べられた行動分類に表れています。

「国民生活時間調査」では、行動は三つのカテゴリーに分類されています。

(1) 必需行動：個体を維持向上させるために行う必要不可欠性の高い行動。

睡眠、食事、身の回りの用事、療養・静養、からなる。

(2) 拘束行動：家庭や社会を維持向上させるために行う義務性・拘束性の高い行動。仕事、学業、家事、通勤・通学、社会参加、からなる。

(3) 自由行動：人間性を維持向上させるために行う自由裁量性の高い行動。マス・メディア接触、積極的活動であるレジャー活動、人と会うこと・話すことが中心の会話・交際、心身を休めることが中心の休息、からなる。

こうした分類とその定義をよく見ると、そこには理想とすべき「国民」像が先取りされていることに気づきます。

第一に注目すべきは、「必需」「拘束」「自由」の序列です。すなわち、ここには「生きていくために」まず誰でも行わねばならない必須行動があり、その次に重要な行動が拘束行動で、自由行動は「必需」「拘束」の〝余りの時間〟として（文字通り「余暇」として）措定されています。

第二にこの分類定義から、この調査は〝積極的に生きる、勤勉な人間像〟を暗黙のうちに想定していることに気づきます。すべての定義文に「維持向上」ということばが用いられている点がきわめて特徴的ですが、驚くべきことに「休息」にすら、他の活動を行うために心身を休めるといった「積極的意義」が与えられているのです。

第三に、行動を「場所」との結びつきの上に定義している点が目をひきます。

まず自宅滞在時間を記入し、以下活動は「仕事に行く」「学校に行く」「家事」「外出系の自由行動」はすべて〝その時どこにいたか〟ということと関係づけられ、カテゴライズされています。

こうした分類が依拠する「思想」とは、どのようなものなのでしょうか。それは空間と時間が秩序原理として機能している「社会」と、その中で生活する人々の活動が相互に連関をもつものとして組織されている「集合性」の高い「国民」のイメージと相関しています――この点は、この調査の実施主体が「公共放送」を標榜するNHKの研究所であるということを考えると極めて重要です――その「集合性」を支える拠点が「家族」「家庭」なのです。この調査が開始された時期（一九六〇年）を考慮すると、この点から先に触れた戦中から戦後の総動員体制的秩序の連続性を論じることもできそうです。

こうした分類の中で、メディア・コンタクトはどのように扱われているでしょうか。第一に、それはもっぱら「家庭」の中で起こる出来事であると想定されています。またそのことによってそれは〝情報の受信〟という受け身の行為としてイメージされます。さらにこの調査票の位置から、「必需」「拘束」時間をこなしたあとの残りである「自由時間」のうちの〝積極的な行動〟すなわち外出を除いた、〝最後の最後〟の「余り」の時間として考えられていることがわかります。ちなみに、メディアとの接触をさらに除いた最終項が「休息」「睡眠」であることを考えると、それはきわめて周縁的な行為と考えられていたことになります。

もちろんこうした位置づけは、「思想」的であるだけではなく、メディア普及の実態を反映したものであるともいえます。事実すでに見てきたように、新聞は宅配契約競争によって、テレビは「家にやってくる」ことによって普及していきました。つまり、そこには「家庭」と「社会」の接続が生み出す二面性を見ることができます。余暇時間に属する行為でありながら社会の窓として機能する「マス・メディア」と、社会を構成する基本的ユニットでありながら休息と睡眠が与えられる「家庭」の周縁性の節合（アーティキュレーション）が、「国民生活時間」なるものを作り出していることを、この調査票は図らずも示しているのです。

生活の転換点としての二〇〇五年

ところで今日『国民生活時間調査』を考える意義は、その独特の調査方法やそれを支える思想的前提といったメタな部分だけにあるのではありません。むしろ直接的に私たちに驚きをもって迫ってくるのは、調査結果が示す「われわれの生活実態の大きな変動」にあります。事実、今回の二〇〇五年の調査結果からは、一九八〇年代中盤以来続いてきた「ある種の傾向」の急転回を読み取ることができるのです。

前回の二〇〇〇年の調査では、それ以前から続いていた〝自由時間の増大〟〝睡眠時間の減少〟〝成人女性の家事労働時間の減少〟といった傾向がまだはっきり表れていました。しかし、二〇〇五年調査ではこうした傾向にいずれもブレーキがかかったのです。

このことは何を意味しているでしょうか。それは、今回の調査まで約二〇年間かけて、生産的行動から消費行動へと、生活の中心を成す行動の転換が進んできたということを表してはいないでしょうか。もともと「必需」「拘束」時間の残余としてあてがわれていた「自由」な行動が積極的に求められ、「睡眠」をはじめとした生きるために最低限必要な時間や、古い規範に従った時間への縛り付けが、徐々に解けていったという感覚は、おそらく多くの人に共有されているでしょう。

その流れに二〇〇五年にストップがかかった――この結果はどのように読めばいいのでしょうか。もはや「必需」「拘束」時間を削ってまで「自由時間」を延ばすことができる、物理的な限界値に達したということなのでしょうか。もちろん人間は眠らなければ死んでしまいますから、多少はそういった面もあるでしょう。しかしそれだけでは、この変化を説明することは困難に思います。

少し視点を変えてみましょう。たとえば「自由時間」が伸びる一方で、これまでも「拘束時間」に属する平日の仕事時間には長時間が費やされていました。

高度経済成長期以降、日本社会は一貫して「労働時間の短縮」を目指してきたとされています。事実週休二日制の浸透とともに、この調査でも「土曜」の仕事時間は下がり続けていました。しかしこれも九五年調査以降〝下げ止まって〟います。仕事はやはりそう簡単に減らすことができない――それどころかますます、資本の要求は長時間の労働への拘束を要求します。こうした攻防に対して、二〇〇五年調査には新たな動向が見え始めました。それは仕事時間の「休日」や「早朝」「夜間」への広がりです。

こうした仕事時間の分散化に合わせて、行為と場所とジェンダーの対応関係も変わりはじめています。平日日中の男性有職者の在宅時間が増加し、一方女性三〇－四〇代の平日の在宅時間が減少している様子から、もはや「仕事―男性―外出」、「家事―女性―在宅」といった関係を自明のものとみなすことはできなくなりつつあります。

これらのことは、ある種の規範に支えられたこれまでの生活のマネジメント・パターンが崩れてきたことを意味しています。与えられた時間や空間的な秩序が行動を支える規範的側面を担い、人々はそれに対して受動的に従うのではなく、逆に人々が時間や空間をより効率的に利用できるように、コントロールしはじめる動きが生じはじめたのです。

こうした時間や空間と人々の関係変化を考える際に浮上してくるのが、そこに介在するメディアの存在です。二〇〇五年調査ではすでに確認したように、「テレビの視聴時間」の全体傾向は高齢者の継続的な伸びに支えられて「平均値」としては大きな変動はありませんが、世代別には「見る人」「見ない人」の二極分化が現れ始めています。それでも前回の二〇〇〇年調査では、「過去最高のテレビ視聴時間」を記録したわけですから、確実に今回でブレーキがかかった印象はうけます。新聞やラジオの接触時間は、二〇〇〇年段階でもかなり減っていたことを考えると、これで「マス・メディア」全体の衰退傾向は決定的になったといえます。

それとともに二〇〇五年調査に関して、触れないわけにはいかないのが、「インターネット」です。もちろん二〇〇〇年調査の段階でも、その存在には大きな関心が払われていました。しかし将来振り返られたときに、二〇〇五年がこの調査の歴史の中でおそらく大事な転換点であるといわれるだろうと予測されるのは、この新しいメディアが初めてこの調査において項目化された（新しい項目として加えられた）という点にあります。

しかし今回の調査では、一般に言われているような〝インターネットが、マス・メディアの衰退を促進させた〟という解釈ができるような結果は表れていません。なぜならば、思いのほか「インターネット」に関わる新項目が高いスコアを獲得していないからなのです。このことについては、調査設計上の問題として議論することはもちろん可能ですし、現にそうした点から見た、あきらかな違和感はあります。しかしその前に、そもそも新しいメディアとはどのようにして現れるものなのかということを、少し時代をさかのぼって考えてみたいと思います。それは、古いメディアと新しいメディアの関係は、機能の代替・置き換えといった二者間の直接的な関係だけで語れるものではないと考えるからです。つまりメディアの導入と生活そのものの構造変化の相互作用の中に、メディアの世代交代は起こる――故に、しばしばそこには時間差や生活変化の方がメディアの変化に先行して現れる場合があるのです。

新しいメディアはどのように現れたのか

実はテレビの視聴時間は、登場以来ずっと右肩上がりだったわけではありません。『国民生活時間調査』の推移をみると、一九七五年あたりから一九八五年にかけて、テレビの総視聴時間が下降線をたどった時期があったことがわかります★35。

その理由がどこにあるのかを説明するのはあまり簡単ではありません。ひとつにはその当時、外出をともなうレジャー活動への志向が高まっていたというデータから、相対的にテレビのプレゼンスが低下していったのだと推測す

★35 テレビ視聴時間の推移
テレビの視聴時間は一九七五～一九八五年まで下降線をたどるが、その後、前回の二〇〇〇年調査まで伸び続けている。グラフの線が連続していない年度は、調査方法が変ったことを示している。（『日本人の生活時間・2000』二〇〇一、日本放送出版協会、七六頁）
☆図06参照。

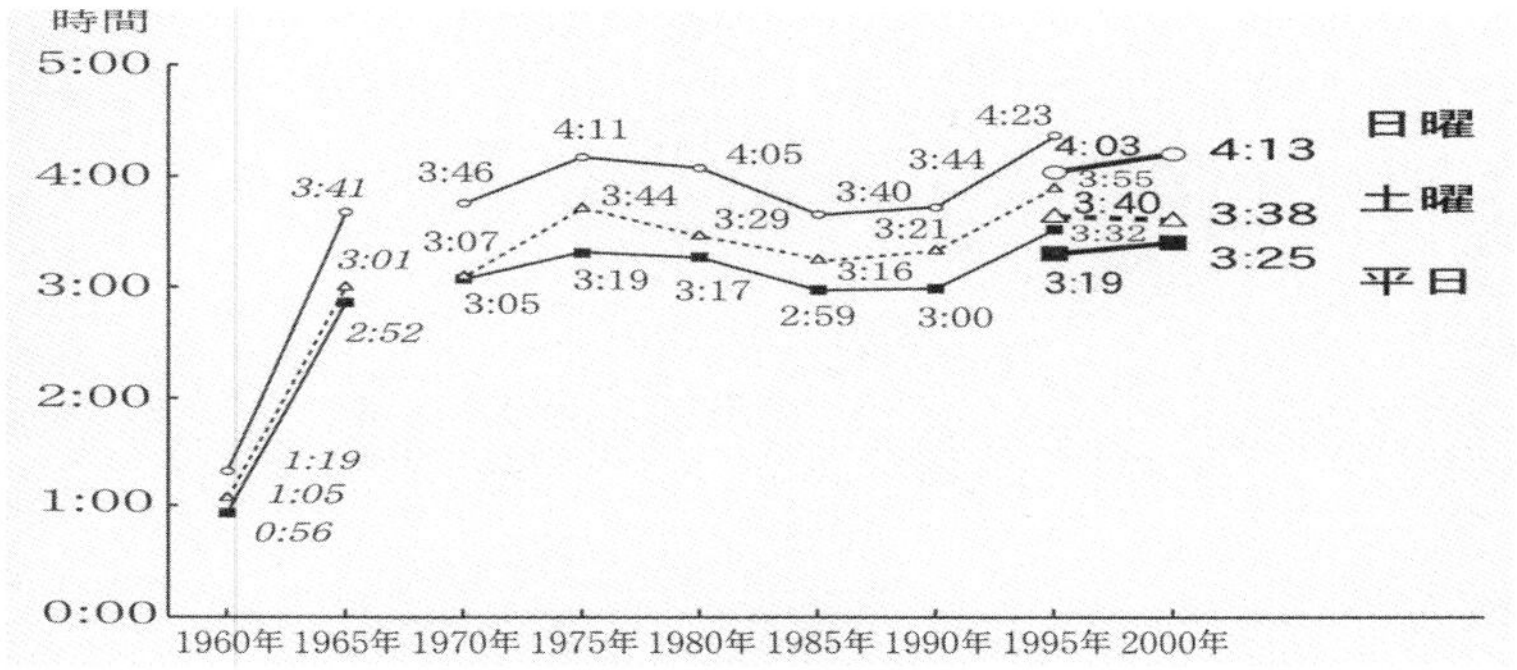

図 06　テレビ視聴時間の時系列変化（３曜日、全員平均時間）

ることはできるでしょう。もしかすると草創期にあった「テレビそのものが面白い」といった感覚も、慣れとともに薄れていったのかもしれません。しかし、テレビの接触時間は一九八五年に底を打ち、そこから再び上昇の一途に転じます。「余暇」へ向かう積極性はその後も一貫した傾向として保持されていったこと（「自由時間」全体は拡大の一途をたどった）から考えると、この再び到来した転換点を、「レジャー」などとの競合といった外的要因だけで説明するのは困難です。

　実はこの一九七五年、一九八五年という転換点は、先に挙げた井田美恵子の研究「テレビと家族の五〇年――〝テレビ的〟一家団らんの変遷」でいうならば、第一期から第二期、第二期から第三期のそれぞれ境目にあたります。井田はまずこの第一期と第二期との狭間の時期である一九七〇年代中盤にテレビの複数台所有が進んできたことを指摘しています（一九七九年には五二％の世帯が複数台を所有）。こうした変化は、テレビの問題だけでなく個室の増加という家屋構造の変化とシンクロしています。しかしこれらの物理的な環境変化も、その前提には、そうした個別化を求める人々の意識の変化があることを見逃してはいけません。そしてさらに彼らの意識の変化の背後にはメディアの構造変化——例えば、一九七〇年代中盤までに起こったテレビスタジオの肥大化★36や、系列の完成による民間放送の勢力の拡大など★37——があったのです。

このような大きな転換点を支える物理的な生活環境の変化と意識の変化、そしてメディアの構造変化との複雑な関係は、第二期と第三期の間（一九八五年あたり）にも起こっています。それは特に視聴者側の技術環境の変化が牽引していくことになります——そのことが、『国民生活時間調査』の方法自体を、この時期大きく変化させていくことになります。それは新しいメディアに関する項目の追加です。

ビデオとテープ（のちにテープには、CD、MDが加わります）、すなわち一九八五年調査に加わった新たなメディア項目は、どのような意味をもった存在として扱われていたのでしょうか。おそらくさまざまな状況からこの二つのメディアは、下降を続けていたテレビ、ラジオの行為時間との関係を説明

★36　テレビスタジオの肥大化
一九六五年のNHK渋谷の放送センターの運用開始（完全移行は一九七三年）に代表されるように、六〇年代後半から七〇年代にかけて、テレビ局は次々とスタジオ面積を巨大化させていった。これは単に物理的規模の拡大にとどまらず、ENGの導入や、スタジオを基点とした編集技術の飛躍的向上と時期的に重なり、実質上ここから、「中継」から「スタジオ収録」にテレビ番組制作の中心がシフトしていく。スタジオの力が強化されて、テレビ（とりわけバラエティ番組）がどのように変わったかについては、拙論「バラエティ化する日常世界——「いま・ここ」にあるヴァーチャル・リアリティの記述方法」（NHK放送文化研究所編『放送メディア研究』第三号）参照。

★37　民間放送系列の完成
日本の民間放送の系列には、アメリカの「ネットワーク」とは異なり、強い中央依存体制があることが特徴として指摘されているが、その背景には、一九五七年、一九六八年の当時の田中角栄郵政

するために追加されたものと推測されます。家庭用ビデオ機は、一九八〇年代前半のVHS対ベータの規格争いに煽られて一気に家庭に浸透しました。一方一九七九年のウォークマンの発売以降、私たちが音楽を聴くスタイルは大きく変わり、テープはこうした環境変化を背景に項目に追加されたのです。そしてこうした機器の普及は、それまで家庭における特権的オーディオ・ビジュアル・ソースとして君臨していたテレビ・ラジオの地位を徐々に相対化していきます。

当初これらの機器は、テレビ・ラジオの視聴（聴取）時間を脅かす「競合」メディアとみなされる傾向が強かったように思います。しかしこれらの機器への接触時間を調査項目に加えたことでわかったことは、視聴覚メディアとの接触時間をトータルで見ると、それは決して下がっていないばかりではなく、むしろ新しいメディアはメディア間の組み合わせを促進し、「視聴覚エンタテインメント」全体の需要を押し上げていたのです。テレビ番組を録画して放送時間外に視聴する、FM番組を録音して外に持ち出す――このように新しいメディアは、メディア同士が連携する新しいタイプの接触形態を生んだのです。このことは、放送というメディアの「いま（現在）」「ここ（家庭）」への拘束を取り払い、時空間のコントロールの可能性を拓くきっかけを視聴者に与えることになりました。

それは産業的には、テレビ番組が起点となるさまざまなメディアミックス手

大臣による放送免許の大量発行と、その後一九七二年の今日の新聞社を軸とした系列体制の完成が大規模な株式交換によって行われたという、強い政治的操作がある。

法を誕生させていくようになります。たとえば音楽に注目するならば、八〇年代はテレビ番組やCMとタイアップした曲が次々とヒットチャートを賑わし、またあわせて起こったカラオケブームが音楽の消費形態に新たな一面を加えました。またMTVブームが洋楽に対する需要にも火をつけ、音楽と映像が一体となったパフォーマンスを定着させていったのです。

こうしたオーディオ・ヴィジュアル消費の新しい流れと合わせて考える必要があるのが、テレビ・チャンネルのリモコン化です。これも一九八〇年代に一気に普及していきますが、これがテレビとのコンタクトのあり方を大きく変えていきます。「ザッピング」といわれる各局の番組を縦横に乗り換えていくテレビとの新しい接触スタイルは、これまで前提とされてきた視聴覚メディアとのリニアかつ持続的な関係を壊していきます。「断片視聴」「選択的視聴」が促進され、さらにこのことから、細かいコーナーの継ぎ合わせによって構成される「テレビ・バラエティ」の今日的形態の成立につながっていきます。

座したその場所から、簡単に他の番組にスイッチ可能になることによって、家庭内の情報選択における家父長のイニシアチブは相対的に低下していきます。それとともに、〝どの家庭も同じ番組を見ている〟といった視聴を通じたヴァーチャルな紐帯は弱体化していきました。五〇%を超えるような高視聴率番組が、この時代に次々に消えていったのは、まさにその証であったといえましょう。

一九八〇年代の、テレビやラジオの周辺に誕生した新しいメディア、新しいテクノロジーは、テレビの視聴スタイルそれ自体を変えていきますが、それだけではありません。これらはメディア・コンタクトをとりまく「われわれ」の生活規範そのものを揺るがしていきました。それは、生活時間や空間を「所与」のものとして受容し、そのことによって既存の規範が支えられるのではなく、テクノロジーの普及が時間や空間をもコントロール可能な対象とみなすことを私たちに知らしめていったのです。

こうしたことが、さまざまな日常的な行為が時間、空間との関係を断って遍在的に散らばっていく傾向や、複数の行為を並行させる「ながら行動」、そして行為の刹那的とも思えるほどの断片化、ヴァーチャル化といった、今日のデジタル社会に特有に思われている行動特徴を生み出すようになっていきます。これらの行動は、かならずしも「デジタル技術」の影響だけに還元できることではなく、メディア環境の漸次的変化の中から、重層的に要因を積み上げ、生成されていったものと考えることができそうです。

限定的に項目化された「インターネット」

二〇〇五年調査における「インターネット」の位置づけについても、こうした新しいメディアの誕生の歴史を踏まえて考えていく必要があると思われます。というのも、今回の調査における「インターネット」に関わる行動の扱いには、どうやらさまざまな意図が介在しているように思えるからです。

「インターネット」とは何でしょうか。まず、これをひとまとまりのメディアとしてカテゴライズし、その接触行動を測定すること自体がどこまで可能なのか、という根本的問題がそこにはあります。その対象のとらえにくさ、その普及による生活全般の変容を前にして、私たちには、これまでの二〇世紀型の「マス・メディア」に向かっていた態度とは、異なる理論的アプローチが要求されているのは間違いありません。

この調査で最も驚くべきは、「インターネット」ということばから一般的に想像される接触行動全般をひとつの項目とせずに、その一部だけ、すなわち「趣味・娯楽・教養のインターネット」に限定して、「自由行動」のカテゴリーに項目を入れ込んだ点です。説明によるとこの項目の対象になる行為は、「Webの閲覧、検索」「掲示板、ブログを読む」「オンラインゲームやネットオークション」「ホームページやブログの作成」のみ。「仕事」「家事」「学業」で利用するインターネットは、それぞれの項目に記載され、また「メールの読み書き」「掲示板の書き込み」は「会話」「交際」の項目に含まれるとなっています。

しかし、日常的にインターネットを利用する立場からすると、この分類規定には首をかしげざるをえません。そもそも、インターネットの利用行為はこのようなかたちに分類可能なのでしょうか。たとえば「掲示板、ブログを読む」は「趣味・娯楽・教養のインターネット」に分類され、「掲示板の書き込み」は「会話」「交際」の項目になるとのこと——実際の利用状況において、このような行為の峻別は可能なのでしょうか。たとえば自分のブログに他のブログへのコメントを書いてトラックバックをした場合はどうなるのでしょう。また、「仕事」「家事」「学業」の利用はそれぞれの項目に属する行為とのことですが、それらは「趣味・娯楽・教養」目的でのアクセスとどこまで峻別可能なのでしょうか。「仕事」目的での資料探しが、いつ間にか趣味の本への突然の出会いを生み、それがそのほかの商品のショッピングへとつながっていく——こうした経験は誰にでもあるでしょう。

こうした分類不可能性こそが、「インターネット」というメディアをめぐる行為のこれまでになかった特徴を表しています。まず「行為の分類」をする以前に、インターネットにおいては「行為の分割」が極めて困難なのです。典型的な例をあげると、メールとWebの連続性です。メールの文面にWebサイトへのリンクが埋め込まれていて、そこをクリックしてサイトを閲覧し、またメールに戻る。こうした連続行為を『国民生活時間調査』の調査票の規定に従って、一五分単位で異なる行為分類に振り分けることは、まったくもって不可能です。おそらくここで上げた〝行為の分類し難さ〟はごく一例にすぎません。

しかしこうした問題を、〝調査手法が不適切である〟として批判することは可能なのでしょうか。確かに「インターネット」に関する行為をどう記録できるかについて、この調査にはかなり悩んだであろう跡が伺えます。設計者たちは、おそらく既存の調査思想に、このメディアに対する接触行動をどう適合させるか苦悶したのでしょう。そしてそのシミュレーションが果たして的確であったかどうかには疑問が残ります。もしかするとそこには、一昔前のインターネット・ユーザーの「マニア」（おたく？）的イメージが先入観として映りこんでいるのではないか、という憶測も働きます。しかしここでは、単にそれを疑って追及することはあまり生産的ではありません。それよりも、こうした調査項目と現象のアンマッチは、結果としてどのような数値を残すことになったかに注目し、そこからその背後で起こっていることについて考えてみたいとおもいます。

実際、この調査で「趣味・娯楽・教養」に限定された「インターネット」項目はどのくらいの行為者率となったのでしょうか。それは平日で一三％、土曜一四％、日曜一五％。行為者平均時間は平日で一時間三八分、土曜日で二時間一三分、日曜日は二時間一一分という数値でした。平日では男女二〇代を中心に、一〇～三〇代で高め。「ながら」利用の比率は一対三、対象は主に「テレビ」、曜日を問わず、夜間の利用率が高く（男二〇代のピークは二三時台）出ています

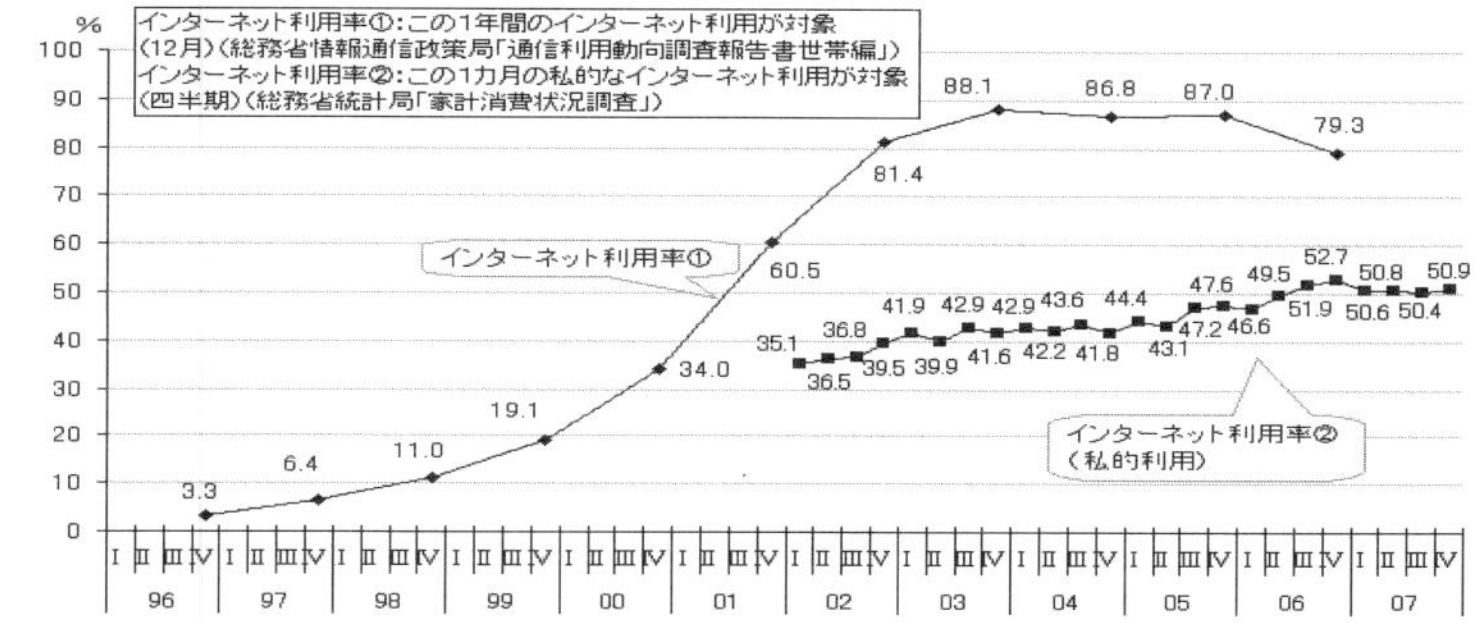

図07　『通信利用動向調査』と『家計消費状況調査』によるインターネット世帯利用率の推移

が、一方でさまざまな時間帯に一定の利用者がいることもわかります。また有職者と違い、無職の人は平日の利用の方が多い傾向も表れています。

　行為者率一三%――この数値は、やはり一般的にイメージされているインターネットの普及動向とは、かなりかけ離れたものと言わざるをえないでしょう。たとえば、総務省の『通信利用動向調査』では、インターネットの利用率は二〇〇〇年以降急速に伸び、二〇〇二年末には八〇%を超えています★38。一般にこの段階の市場では、この「普及率八割」というイメージが広く流通しました。この数値と『国民生活時間調査』の結果との、もはや「差」ということばで表すことすら躊躇してしまうほどの大幅な乖離はなぜおきたのでしょう。

　しかし実はこの「インターネット普及率

★38　総務省　情報通信統計データベース「通信利用動向調査」郵便、電気通信及び放送サービスの利用実態とその動向を把握することを目的に、旧郵政省の時代（平成二年、一九九〇年）から毎年（平成六年を除く）実施。世帯構成員調査は、平成一三年から実施。Webには平成八年調査から pdf で報告書を掲載。http://www.johotsusintokei.soumu.go.jp/statistics/houdou05.html
☆図07参照。（図は『社会実情データ図録』http://www2.ttcn.ne.jp/honkawa/6200.html から引用）

八割」も、慎重に捉えるべき必要がある数値なのです。この数値はそもそも「世帯普及率」であって、家族の中に一人でも一年内の利用経験者がいればカウントされ、しかもその利用場所は問われない——極端な話、サラリーマンのお父さんが会社で、ちょっと研修で一回触っただけでも「一世帯」となるものなのです。同じ「通信利用動向調査」で、個人ベースの普及率（二〇〇六年の利用者数八七五四万人、人口普及率六八・五％という数値）も発表されていますが、こちらの方はあまり広まりませんでした。やはりどうも一般にはこの「八割」という数値が独り歩きしている印象はぬぐえません。

別の統計ではどうでしょうか——『インターネット白書2007』（インプレス）でも世帯普及率をベースに数値を発表しています★39。ここでは世帯普及率は八三・三％となり、そこから人口換算して、八二二六万六千人という推計値を発表していますが、いずれにしても「世帯普及率」が前面に出る格好になっています。しかしそもそも、パーソナル・コンピュータを基本的な端末とした接触行動であるにも拘わらず、「世帯」単位でカウントされるのはなぜでしょうか。「世帯」単位で測られてきた他のメディアや生活物資の利用率との対比のためでしょうか。インターネットの普及スピードを過剰に宣伝する意図が、そこに働いていたとはいえないでしょうか。

ともあれ「家庭」ではない場所での、「仕事」「学業」に対応する利用経験

★39『インターネット白書2007』（インプレス）（財）インターネット協会監修、インプレス発行。一九九六年に第一回目を発表して以降、インターネット動向調査レポートの草分けとして、普及、浸透、各種サービスの利用の変化をレポートしてきた。（インプレス・グループのプレスリリース参照：http://www.impressholdings.com/release/2007/052/）

も含みうる『通信利用動向調査』の数値は、『国民生活時間調査』の数値との比較に適したものではありません。しいて言えば、同じく総務省の統計局が実施する『家計消費状況調査』のデータが、「私的利用」に限ったインターネット利用率を報告しており、近い条件の数値と考えられます。この調査では、二〇〇三年以降二〇〇六年まで四〇%台でほぼ横ばいの数値が報告されていました★40。また、同じく「家庭」からのアクセスを対象に〝インターネットの視聴率調査〟を実施している「ネットレイティングス」では、同じ時期（二〇〇六年五月）のインターネット利用人口は約四〇〇〇万人と発表しています――これは、『家計消費状況調査』の値に近いものです★41。

こうしてさまざまな調査の数値を追っていくと、『国民生活時間調査』の「趣味・娯楽・教養のインターネット」の一三%という行為者率の数値にも、徐々にそれなりの妥当性が見えてきます。それだけに一層、この〝切りとり方によって大きく数値が揺らぐ〟「インターネット」というメディアに関わる行為への接近の難しさが実感できます。

メディア・コンタクトと行動規範の反転

〝インターネットのメディア接触率を測定する〟といっても簡単ではありま

★40　総務省統計局「家計消費状況調査」　平成一二年、二〇〇〇年から、世帯を対象として、購入頻度が少ない高額商品・サービスの消費やIT関連消費の実態を毎月調査している。消費の実態を安定的に捉えることが目的。http://www.stat.go.jp/data/joukyou/12.htm　☆図07参照。

★41　ネットレイティングス　視聴率調査のパイオニアであるニールセングループのインターネット調査会社。テレビの機械式視聴率調査に近い手法（ネットへのアクセス端末にプログラムをインストールする）で、インターネット視聴率を測定している。インターネット利用人口は当該月に実際にインターネットを利用した人口を、家庭のPCからの接続数に基づいて推計している。毎月月末に、前月の最新データをWebに公開している（二〇〇六年四月：39,817千人、五月：39,420千人）。http://www.netratings.co.jp/ranking.html

せん。調査によっては一三%から八〇数%までの大きな開きが出てしまうという現実。これは調査の不適切さを表しているのではなく、この乖離にこそ、デジタル技術と生活行動の変化の関係を考える重要な視点が隠されていると考えるべきでしょう。

その視点は三つのポイントに整理することができます。

(1)「国民的」時間の喪失

『国民生活時間調査』のデータでの中では、「テレビ視聴」が典型例だろうと思います。高齢者では視聴時間が伸び、一方若年層ではテレビ離れが進むという現象の二分化。インターネットの動向を見ても利用する人としない人の違いははっきりしています。他の調査に表れているように、二〇〇三年以降のインターネット普及率が頭打ちになっている状況こそが、これがかつての新聞やテレビのようにあまねくすべての人に利用されるメディアになっていないことを示しています。すなわち、これまでこの調査が描いてきた、メディアが「国民的」な単一の、標準的な時間軸の形成に寄与するという考え方に大きな転換期が訪れたといえるでしょう。

(2)生活行動の離散化

「国民的」時間が生活を制御しきれなくなる流れは、「家庭」という空間がもつ求心力の低下と並行して進行しているようです。それには二つの側面があります。ひとつはどの時間に一般的な「家族」の成員は「家庭」に集まり、どの時間に外に散っていくのかということを、明確にいうことができなくなったということ。このことは番組編成の困難さ、VOD（ビデオ・オン・デマンド）へのニーズの高まりと関連しています。もうひとつは「仕事は外」「家ではプライベートなことをする」といったように、空間と行為の関係を定義づけることが必ずしもできなくなったことです。いつ、どこでどんなことをすることも可能である——たとえば外出時のメディア接触時間の増大、休日・深夜の仕事時間の増大などなど。これらのことは、もちろん技術の支えがあってこそ実現するものですが、同時にそれが促進される背景には、資本主義というシステムが本来的に備えている「マス」化傾向、すなわち市場の「拡張」指向性が働いていることを十分考慮する必要があります。

(3)メディア・コンタクトの反転

秩序だった項目に行動を分類し対応付けることが難しくなり、「ながら」行動や、行動の分断・離散化が進むと、それに費やす時間の連続性がなくなっていきます。それによってどんどん人々の行動は〝調査の手から逃れ〟、捕捉しづらくなっています。

このような状況の中で気がつくのは、生活を支える規範・秩序とメディア・コンタクトの関係そのものが反転しはじめているということです。当初マス・

メディア接触の捕捉は、「必需」「拘束」時間を除いた「自由」な時間の、さらに外出レジャーを除いた「残余」の位置からはじまりました。しかし今日、インターネットを「趣味・娯楽・教養」のカテゴリーに閉じ込めて捉えることの不可能性が示唆することは、その反対、すなわちインターネットが生活全般を覆いはじめている状況であるといえます。インターネットは今や、必需行動の一部を除くすべての生活行動と何らかの関係を切り結ぶ可能性をもっているといえます。そうなると、離散した生活行動や人間同士の関係を、インターネットがつなぐという逆転現象が起こり始めます。いやむしろ、インターネットのヘビーユーザーの中では、これはすでに現実のものとなっています。つまり人々の行動の捕捉もインターネットを介してはじめて可能になる――インターネットというメディアが、人々の秩序原理の位置に座る時代がはじまったのだ、とは言えないでしょうか。

しかしこうした「メディア」と「生活」全般の関係の逆転――崩壊した生活秩序の代わりに、メディアが秩序原理を担うという現象は、インターネットに関わる領域だけに限りません。すでに井田美恵子は、テレビ視聴の第三期に「感覚器官化」するテレビによって包み込まれる生活に注目しはじめていますし、さらに今日急激に進展するすべてのメディアを覆うデジタル化は、人々の行動の離散傾向をさらにすすめ、そしてそれをデジタルネットワークのもとへ再統合すべく、状況を動かしているように見えてきます。

　問題をテレビに限ったとしても、二〇一一年に完成予定の「地上デジタル放送」をめぐるさまざまな動きには、まさにそういった傾向が集約されていると見ることができます。ＨＤＤ録画が視聴に先行して行われ、ため込まれた映像を選択的に視聴するようになり、映像はワンセグやiPodなどの携帯端末を通じて「屋外」に持ち出されるようになります。こうした行動を支える技術という次元においては、放送と通信を隔ててきた壁の存在が徐々に意識されなくなり、メディア・カテゴリーが無効化していくような様相を呈するようになります。かつてこの壁を成り立たせていたものこそが、時間と空間軸上に表象される物理性だったことを考えると、私たちの周囲でおこっている変化の大きさを実感することができるでしょう。

　放送番組は、「パソコンテレビ」を標榜する「GyaO」（ギャオ）の配信するコンテンツ、さらには「YouTube」や「ニコニコ動画」といった動画共有サイトの映像とどう違うのかといった議論が真剣になされる今日の動向こそが★42、まさしく「放送と通信の融合」というスローガンの実態であり、これらの動向は、これまで私たちが前提としていたメディア・カテゴリー、行動種別が固定化できなくなる状況を日々体現し、促進しているのです。

「融合」という一見進歩的な、耳あたりの良いことばの背後にあるものは、

★42　「GyaO」、「YouTube」、「ニコニコ動画」
「GyaO（ギャオ）」は、USENグループが二〇〇五年四月から始めた〝パソコンで見ることが出来るインターネットテレビ〟を謳った動画配信サービス。「YouTube」はユーザーが投稿した動画をFlash化し共有することができるサービス。二〇〇五年のスタート以来、数々の著作権違反の嫌疑や二〇〇六年Googleが買収したことで話題となった。「ニコニコ動画」はニワンゴが運営する動画配信・共有サービス。二〇〇六年サービス開始。動画にコメントがつけられたり、マス・メディアを意識している他の動画サービスと異なり、コミュニティ志向が強いことが特徴。

マス・メディアとパーソナル・メディア、自宅内の行動と自宅外の行動などの区別の解消であり、自由と拘束との間を埋める「ながら」や「連続性」の一般化――いわゆる、「なんでもあり」な状況だといえます。

普通に考えるならば、こうした状況はより一層「アナーキー」な方向に加速するように思われます。しかし、どうもそうまで破壊的にものごとは進行してはいない――逆に、日々の生活は〝昨日と何もかわらない〟奇妙な落ち着きを見せているようにも感じます。もちろんそれこそ、物理性をはく奪されたところに現れるイリュージョン（見せかけ）なのかもしれませんが。

新たな集合（マス）性の形成

生活秩序とメディア・コンタクトの関係の逆転は、メディアへの接触の仕方自体の変容に導かれています。ＨＤＤレコーダやポッドキャスティング★43の登場が示すものは、明らかにこれまで前提とされてきた〝記録メディアに対する放送（同時メディア）の優位〟が覆され始めているという状況です。こうして記録された映像の再生と番組の同時視聴の違いがなくなることは、「マス的視聴形態」に変質が生じはじめていることを意味しています。『国民生活時間調査』のような測定法では捉えることが困難な行動が数多くみられるようになったの

★43 ポッドキャスティング　インターネット上で音声や動画ファイルを公開する方法の一つ。Blogと同様に、RSSを用いてアップされた情報を取得し、iPodやMP3プレーヤーにダウンロードして（音声の場合）聴取する。一般には「インターネット・ラジオ」として理解されている。

は、マスが時間差を容認するようになった——いや、むしろリニアな時間の流れと無関係に集合性が生成されるようになったからだ、といえましょう。

これまでの社会的な行動規範は、階層的な構造をもっています。『国民生活時間調査』のように「必需行動」を頂点にした行動分類は、その写像であるということができます。階層には「上下」があり、その段差はイデオロギーを反映しています。たとえば既に、この調査では、秩序によって生活行動が統制される「勤勉な人間像」が前提とされていることを確認しました。勤勉な人間にとって生活時間は、より切実なものから順に配分され、残った時間のみがようやく「自由な処分」の対象になります。したがって必ずしも切実ではない目的に従属する行動は、リニアに流れる時間が支配する下では、残余を巡る争いの対象となる——この調査では、こうした「自覚的」な行為の分節がイメージされています。

実際これまでは、限られた自由時間内の中において消化しきれないメディア接触への欲望は、「必需」ないしは「拘束」時間の切り詰めという現象を引き起こしてきました。しかし今回の調査では、この傾向に終止符が打たれました。より顕著になった「マス・メディア離れ」は、メディア接触への欲望自体が頭打ちになったことを表しているようにさえみえます。

もしかするとマス・メディア離れは、「自由時間」を最下位に位置づける生活時間の分節秩序それ自体への反旗なのかもしれません。マス・メディアに背を向ける人々は、一定の秩序や文脈のもとに自らの行動を統制するのではなく、行動そのものを圧縮し、モジュール化することで一日二四時間という時間の飽和を乗り切り、さらなる過剰な情報や記号との戯れを受け入れることを選びつつあります。デジタル・メディアは、秩序とメディアの関係の逆転を生みました。とはいえ生活はデジタル技術の影響を一方的に受けているのではありません。生活自体が「デジタル」的な特徴を帯びたかたちに変質し始めたことで、メディアとの新たな共犯関係が始まった——そのことによって、新たな集団（マス）性が形成されようとしているのです。

その背景には、時間や空間自体の変形（リニア性の喪失）があります。時間や空間そのものが、デジタル技術の手を借りて圧縮されたり、並列に流れたり、任意に裁断し再構成されるべき対象になり、一五分単位の行為記録の捕捉の手から逃れるようになりはじめています。昨今、生活の端々で見受けられるようになった「ながら行動」も、その結果顕在化するようになったものであるといえます。「睡眠」「食事」「家事」「仕事」等々の行動は、実質〝いつでも、どこでも、どのような状況でも〟可能になり、他の行動とパッチワークのように結びつき、重なり合っています。性差の消失や家庭ばなれといった傾向も、こうしたことと不可分の関係にあるといえるでしょう。

『国民生活時間調査2005』の随所に確認することができるこうした変質――これまで秩序化されてきた行動の見事なまでの離散化傾向は、言い換えれば行動主体であったはずの人間そのものの「情報化」であるともいえます。人間が「行動主体」としてふるまうために必要な準拠枠組としての「社会秩序」、その結果生み出される「行為」そのものと、その「媒介者」（メディアもその一つ）という四つの項が相互に対応づけられることによって、これまで私たちの生きられる世界は構成されていました。しかしこうした整理を可能にしていた体系そのものが今や解体し、それに代わってデジタル技術が、それぞれを「等価」のものとして偶然的に結びつけている――そんな時代に突入しつつあります。

こういった状況はある意味、システム論的概念である「散逸構造」（プリコジン★44）になぞらえて理解することができます。既存の秩序の崩壊に伴う複雑性（過剰なエントロピー）の増大は、しかしながら一方で新しい秩序を創発します。ネットワーク的な結びつきを原理とする行為の組織化がそれであるといえましょう。しかも、そこにはかつての秩序を支えてきた「勤勉さ」の対極のモードである「享楽」がエネルギー源として働いているのです。もしかするとこのあたりに、〝後期資本主義社会が、なぜデジタルネットワーク時代の到来を招いたか〟という謎を解くためのヒントがあるのかもしれません。

デジタル技術に支えられた、新しい次元で機能する「メディア・コンタクト」。

★44　散逸構造
「エネルギーの散逸を伴うことによって生成される構造」（『情報学事典』）。生命や社会現象などの複雑系では、その複雑さゆえに「ゆらぎ」が生じ自らのエントロピーを低下させる「自己組織化」が生じる。さまざまな「かたち」がなぜ生まれるかを説明するのに有効な理論。プリコジン＋スタンジェール『混沌からの秩序』（一九八七、みすず書房、伏見康治他訳）参照。

その全面化の中で、旧メディアは何を保持し、何を再構築しなければならないのか——今日、焦眉の課題となっている「メディアの再編」は、単なる「メディア間の競合関係の整理」といったビジネス的文脈に回収しきれるものではありません。いや、逆にこのテーマがビジネス・アジェンダとしてしか扱われない今の状況こそが、最も問われるべき問題なのではないでしょうか。

その意味で『国民生活時間調査』は、引き続き重要な意味をもちつづけるでしょう。確かにいま、こうした調査では「人々の行動すべて」を捕捉するのは不可能な状況に入りつつあります。しかし、だからこそ〝かつて機能していた〟人間とリアルな「時間」「空間」が織りなす環境との関係が今後どうなっていくのか——皮肉にも、この調査が吐き出す数値が今後何を表し、その解釈がどのような壁にぶつかっていくのかが、この調査の最大の焦点となるのです。

第二章　デジタル化するメディア・コンタクト

1　テレビとインターネットの本当の関係

デジタル化を畏怖するテレビ

二〇世紀の最後の十数年から今日に至るまで、メディアに関わる言説の多くは「急激に進展するデジタル化」という枕ことばを伴って語られてきました。こうしたイノベーション・イメージは、「デジタル化」に限らずこれまでも、そこにさらにさまざまな「流行語」を生み、つけ加え、それを受容する人々の気分を膨らませてきたといえます。古くは「ニューメディア」（一九八四年）にはじまり、「マルチメディア」（一九九三年）、「ＩＴ革命」（二〇〇〇年）、そして「Web2.0」（二〇〇五年）。これらの「流行語」には共通した性格があります。それは、その正体が実はよくわからない、にもかかわらず「発展」とか「夢」とかを印象づけるシンボルとして機能するというもの。言い換えれば「想像上の通貨」としての働くことばであるというものです。

　こうしたことばが広がる背景には、目の前に繰り広げられる変化をとりあえず、ポジティブなものとして受け入れようとする心理があります。故に一般には「流行語」の命は短く、長くても数年のうちには、その役目を終えます。一部のことばは日常語として定着しますが、その多くはシンボルとしての効力を失い、消えてしまいます。ところが、こと情報技術の革新に関しては違います。まるでことばがリレーしていくように、同じようなことばが次から次へ生まれて、過去のことばは新しいことばにその役割を託し、気分が陳腐化していくことから逃れてきました。それはどうしてなのでしょうか。

それはこの「変化」が、長期にわたって展開し、私たちの生活を支える規範を根底から揺るがすものであることを意味しています。そもそも一般にことばの流行なる現象は、マス・メディア的な情報環境が支えてきたといえます。しかし、マス・メディアはこうしたことばを生産し、流通を支えるだけで、そのことばが意味する実態に、なかなか接近させてはくれません――こうしたもどかしさが、八〇年代以降、いたずらにこの手のことばの連鎖を生んできたともいえます。このもどかしさは、その正体が見えないが故の抗争を誘発します。ともかく「変化」を味方につけたい人々と、その反対に「変化」から身を守りたい人々との間の争い――ここ数年それは、インターネットの普及に支えられる新しいビジネス勢力と、二〇世紀型のマス・メディアを代表する放送陣営の間の対立として表象されてきました。

「Web2.0」ということばが広がっていった二〇〇六年、書店には『テレビCM崩壊』（ジョセフ・ジャフィ著、翔泳社）、『ネットが放送を飲み込む日』（池田信夫他著、洋泉社）などといった勇ましいタイトルが並びました★45。競争主義を信奉する新興勢力からすれば、この「変化」の中でテレビは打倒すべきアンシャン・レジーム（旧体制）の象徴のように見えたのかもしれません。しかし、こうした人々が騒ぎたてるほど、世の中みんながこぞってデジタル化、インターネット化に向かっていたかというと、それはそう単純ではありませんでした。そもそもこうした煽られたような物言い自体が、デジタル・メディアがまだ実体の見えない投機的対象であったことを示していたように思います。

とはいうものの、見下される「放送」側には、そうした虚構を突く余裕などはありません。という以前に戦うべき相手が〝見えない〟――そういった戸惑いが隠せないように思えます。こうした新勢力の攻勢に対して放送側がとってきた態度は、いかなるものだったでしょうか。〝圧倒的であったはずの自らの存在を脅かすものが現われた〟というだけでびくびくしている、そんな感じがします。だから、かつてほどの影響力はないにしても、それでもまだ「放送の優位性」を証明するような調査結果を見つけ出しては、ほっと胸をなでおろす、そんなことを繰り返しているようにさえ思います。つまりこの戦いは、見るからに「非対称」です。

このように、互いに争っている対象が見えないところでの戦いでは、どうしても数字の「確からしさ」にすがり、「規模」を競うことに汲々としてしまう

★45　ジョセフ・ジャフィ『テレビCM崩壊』（二〇〇六、翔泳社、西脇千賀子＋水野さより訳）、池田信夫ほか『ネットがテレビを飲み込む日』（二〇〇六、洋泉社）二〇〇六年はこれらの本に代表されるように「マス・メディアの終焉」を謳う声の大合唱が起きた。しかし前者のベースには九〇年代に提唱されたIMCが、後者には見慣れた「既得権益の撤廃＝活性化の図式」があり、必ずしも理論的な新しさはない。またいずれにも「べき」論と現状分析の混同が見られ、そこで規制やマーケティング手法は変わったとしても、目指しているものはやはり「マス・マーケティング」の範疇を出ていないように思える。

ようです。確かにテレビがこれまでナンバーワン・メディアとして君臨することを可能にしてきたその支えは、ほぼ一〇〇％に近い普及率にあったといえます。そして、遍く人々に行きわたったあとは、その接触時間の長さ、すなわち〝いかに人々がそのメディアに依存して生きているか〟こそが、メディアの覇権の証しだったわけです――ＮＨＫが『国民生活時間調査』を続けてきた意義は、まずここにあります。

しかし、こうした数量的に表すことができるカバレッジは、メディアと「われわれ」の間の実質的な関係をどの程度示してくれているのでしょうか。テレビがデジタル化を畏怖するのは、もしかするとそこには、これまでのメディアの覇権争いのような、「直接的に接触している時間の奪い合い」といったゲームには回収されえない展開が始まっているからかもしれません。

重なりあう情報回路

すでに前章で確認したように、インターネットというメディアへの接触実態は、その普及状況や利用動向調査からは、なかなか捉えにくいものであることが徐々にわかってきました。総務省調査の八〇数パーセントという数字と、『国民生活時間調査』のわずか一三％という数字の「大きすぎる」違い――この新しいメディアとの接触規模が、測定対象、単位や方法によって全く異なった姿を現すという事実から、メディア・コンタクトという出来事が本来、多層的あるいは多元的に構成されているという認識に、私たちは導かれていきます。

振り返ってみるならば、そもそも旧来のマス・メディアは、その接触の仕方を特定の形態に限定することによって情報の流れの向きを制限し、さらに発信元を権威化し、表現モードを絞り込んでパターン化することによって、その受容者の規模を作り出してきたといえます。テレビが一〇〇%に近いカバレッジを達成することができたという事実も、テレビ・モニターを介した接触形態の単純化に支えられていたからこその結果だと考えられます。

しかし反面、テレビの普及、そしてそこから発せられる情報による生活支配は、テレビジョンという技術が直接に生み出した接触形態だけによって成し遂げられたものではありません。その直接的な接触点から排除されたさまざまな表現モードが、間接的に、あるいは外側からテレビのコミュニケーションを支えてきたのです。つまり、さまざまな既存の、あるいはテレビに付随して生まれた多様な情報回路が重なりあって、ある種の社会的「メディア・マトリックス」を成立させ、それがテレビジョン・レジームとでも言うべき「体制」を作り上げてきたと考えることができるのです。

そうした観点で言えば、テレビ・モニターがもっぱら「家庭」という場に持

★46　パレオTV／ネオTV
U・エーコが一九八五年に発表した「TV :La transparence perdue（失われた透明性）」（未邦訳）という論文で提示した概念。ヨーロッパの放送界で、一九八〇年代に急速に進む公共放送の「民

ち込まれ、据え付けられたという事実は非常に大きな意味をもってきます。テレビそれ自体は、確かに一方向的な情報の流れしかもっていなかったメディアではありましたが、もともと「家庭」に存在した親密かつ複雑なコミュニケーション作用を、次第にその影響下に取り込んでいきます。特に「お茶の間」の視聴者を単なる受信者とみなさず、コミュニケーション行為の対象者としてアドレス（呼びかけ）を送り、また番組の中にも視聴空間と重なりあうスタジオセッティングを施すことによって、時間・空間的な写像関係を作りだしてきたことに、それは象徴的に現れています。

一九七〇年代以降、技術的進化の力を借りて、スタジオを中心とした番組制作技術が発達し定着していく中で、さまざまなテレビ番組のジャンルが「バラエティ」的手法の中に統合されていく〝ジャンルの混淆〟とでも言うべき大きな変化がおこりました。U・エーコの「パレオTV／ネオTV」論★46や、北田暁大の「純粋テレビ」という概念（『嗤う日本のナショナリズム』）など、多くの論者によってこの変化は世界的におこっていることが指摘されています。また「情報バラエティ」なる新語も、こうした「変化」を象徴するもののひとつといえるでしょう★47。テレビを構成するさまざまなジャンルの枠組みが融解し、混淆することによって、本来は技術的に不可能な、すなわちアナログテレビではテレビの外に放逐されていたコミュニケーション・モードを、再びヴァー

営化」の流れの中に現れた、テレビそのものの意味生成過程の変化をこの概念によって捉えようとした。パレオTVからネオTVに向かうにつれ、現実の情報とフィクションの境目が相対化し、テレビの世界が自己言及的に閉じていく。このことをエーコは「私はここにいる、私は私である、私はあなたである」のフレーズでまとめた。西兼志「〈パレオ／ネオTV〉の理論展開――メディア行為論の問題圏」（日本マス・コミュニケーション学会編『マス・コミュニケーション研究』六九号、二〇〇六）参照。

★47 情報バラエティ
ネオTV期のテレビ番組の特徴であるジャンルの混淆が生んだ一形態。かつて報道や教養番組といわれていたパレオTV的ジャンル表現が、スタジオトークの話題に主題を回収させ、「笑い」や「ゲーム的快楽」といったバラエティ的価値に自らをスライドさせていった。拙論「情報バラエティのダイクシスとアドレス」（石田英敬＋小森陽一編『社会の言語態』二〇〇二、東京大学出版会）参照。

チャルにテレビ的な世界観の中に囲い込むという現象がみられるようになっていきます。

U・エーコは、ネオTVの特徴として第一に「外部参照性の喪失」を挙げます。このことばは〝テレビが、視聴者の手の届かないあちら側の情報を、こちらに伝達する〞パレオTV的機能とは反対に、テレビがテレビによって作りだした「世界」を再帰的に参照する閉じた情報の流れを指します。外部（あちら側）の情報は、ネオTVにおいては、自己言及的な世界イメージの再生産に奉仕する「話題」としてスタジオに持ち込まれ、消費される対象に劣化させられていきます。エーコは、「失われた透明性」（未邦訳）という論文で、イギリスのダイアナ妃の葬儀を例にあげ、それがいかにテレビ的につくられていったかについて説明します。この論文が書かれてからすでに二〇年以上が経ちますが、今日の状況を考えると、ネオTV的現象の自明性はますます高まり、それに対する批判が立ち上がる機会すら失われていることに改めて愕然とします。

今日、テレビによる〝情報の操作〞とか〝やらせが行われている〞などといった「物言い」を頻繁に耳にするようになりました。しかしこの手の批判の多くは、実はテレビの情報の流れの一方向性に依拠したものに過ぎず、それではもはやこの状況に対する批判としての有効性をもたないのです。言い換えれば、どこまでがテレビの影響圏でどこからかそうでないか区別できない「ネオTV」という状態は、テレビという装置に直接的に備わっているコミュニケーションの流れと、その外部の情報環境との相互浸透が相当なレベルにまで進んでいることを示しているといえます。

こうした状況の中では、もはやメディアとの「接触規模」が、そのまま、そのメディアの「強さ」を表す指標足ることはできないといえます。そうなると直接そのメディアが情報を伝達する「接触点」だけではなく、そのメディアを離れて、周囲の複雑な情報環境に媒介されることによって、そのメディア特有のコミュニケーション様式が、いかに増幅され、定着し、制度化しているかに目を凝らすべきなのでしょう。つまり、テレビから遠く離れたところでも、テレビ的コミュニケーションが機能している――そうした現象にこそ、テレビの「強さ」を私たちは見出すべきなのです。

テレビの「メディア圏」はいかにして形成されたか

こうした複雑なメディアの影響の現れを問題とするとき、一九九〇年代後半から二〇〇〇年代初頭に思想界にインパクトを与えた、レジス・ドブレらによる「メディオロジー」のコンセプトが役に立ちます★48。

ドブレが「メディオロジー」のインスピレーションを得たきっかけは、キリ

★48　R・ドブレ『メディオロジー入門』(二〇〇〇、NTT出版)、『一般メディオロジー講義』(二〇〇一、NTT出版、嶋崎正樹訳)

ドブレが提唱する「メディオロジー」の概念を解説するシリーズのうち、その最も中心的なコンセプトを紹介する二冊。MO＝OMの図式については『入門』、メディア圏の概念とキリスト教に見るメディア性の問題については『講義』で掘り下げている。なお、ドブレ自身はメディオロジーをかならずしもシステム論の範疇では捉えてはいないが、メッセージの伝達(transmission)を組織的に作動させるその仕組みに対する眼差しは、システム論に通底している(参照『講義』邦訳の西垣通による解説)。

スト教のメッセージと教会というシステムの関係性にありました。中世における教会のメディア性は、直接的にそのメッセージの届く範囲を影響下におくのみならず、そこを生活の基点とする人々の心の中に入り込み、浸透することで生活世界を形成していきます。このメディア（媒介者）によって形成される空間を彼は「メディア圏」と呼びました。興味深いことに、彼はこの「メディア圏」の形成の過程に、テクノロジーの支えを見出します。テクノロジーは、それが媒介し伝達（トランスミッション）するメッセージとともに編成され、組織化される物質(matière organisée- MO)と物質的組織化(organisation matérielle - OM)の二つの分かちがたく結びついた構成体を生み出します。この図式は、複数の物質（装置としてのメディア）が組織的に構築されるマトリックスとして「われわれ」の生活を覆い、そのことによって「われわれ」の生活秩序を成す組織自体が物質化しメディア的性質を帯びる相互浸透状態を呈するようになり、その状態自体の再生産を支えるシステムを形成していきます。

実際に、我が国におけるテレビジョンを中心とした「メディア圏」の成立は、テレビの技術的進化に即した制度化（ＭＯ）と、視聴の場としての家庭のテレビ化(ＯＭ)の相互浸透として説明することができます。テレビ史を振り返ると、まさにこれらは分かちがたく、私たちの生活を取り囲むように発展してきたことを確認することができます。

テレビは技術的にみると、第二次世界大戦前にかなりのところまで開発されていました。しかしそれが世に出るタイミングとしては、戦後を待たねばなりませんでした。このタイミングが〝戦後体制の確立にいかに奉仕するか〟という政治・経済的課題をテレビに担わせることになります。このことは、日本の放送制度を考えるときに常に対比的に参照されるアメリカや、イギリスをはじめとするヨーロッパ諸国も同じです。

「普遍かつ不偏であるべし」——各国の放送を支える法が、いずれもこの理念に支えられていることに、このメディアの「組織化」の実態を見ることができるでしょう。「電波」を伝送に用いることと「映像」を主たる表現モードとして用いるという、テレビジョン技術の二大特性が、「あまねく全ての人に到達する」情報回路と、「ことばによって歪められない（偏向しない）」情報表現を保証するというイメージを醸成したのは間違いありません。テレビが、新聞、ラジオの発展形として、それぞれの事業者の期待を担って誕生した背景には、たとえば新聞が「普遍」的なメディアとして（文盲の人は読めないという意味で）、ラジオが「不偏」的な印象を作り出す装置として（ことばの力に依存しすぎるという意味で）、いずれも不十分であったとの思いがあったのでしょう。

故にテレビは、その草創期から、他のメディアとの関係の中に配置されることによって存在意義を創出し、確保してきたという側面を持ちます。そもそもの民間放送としてのテレビの立ち上がりが、読売新聞の影響下にあり、さらに六〇〜七〇年代、系列が各新聞社との関係の中で整えられていったことは、よく知られている話です。また、NHKではその草創期、報道、娯楽番組、ドキュメンタリーのいずれのジャンルにおいても、ラジオで放送されていた番組からテレビに発展していった例を確認することができます(『のど自慢』『日本の素顔』など)。

こうした物質すなわち媒体装置の組織化によって、コミュニケーションが社会的に拡張し、そこからメディアに媒介されたかたちで公共性の議論も生まれていきます。それは反面、「われわれ」の生活圏がメディアに覆われていくということでもあります。このようにして「メディア圏」生成のもうひとつの側面である「組織」の物質化も、並行して進んでいきます。

物質化といっても、実際に物理的な「モノ(マテリアル)」になるという意味ではありません。少し噛み砕いていうならば、組織がモノとして扱うことが可能になる形態を得る、すなわち固定化、形式化し、操作対象と化していくことと理解した方がいいかもしれません。つまりそれは、それまでメディアの外にあったさまざまな組織や人間集団のダイナミズムが、メディアによって媒介される情報およびその流通形態に従って定型化、秩序化し、そのことを通じてメディアを中心とした生活圏の配置が形作られていくという現象として考えるといいと思います。

たとえば、既に一章で見てきたように、「われわれ」の日常生活の時間秩序が放送特有の「編成」によって与えられるようになります。毎日の『ラジオ体操』『朝の連続テレビ小説』から、『月9ドラマ』『大河ドラマ』、そして『紅白歌合戦』のような歳時記的イベントまで、テレビの番組編成は「われわれ」の「国民的時間」軸として機能するようになり、そしてこれらの番組を受容する社会集団として「家族」は組織されなおすようになります。

こうしたメディアとの関係は、「家族」という組織だけでなく、そこに属する個々の人々のコミュニケーションの様式それ自体を「テレビ的」に変化させていきます。これは、テレビから発信される流行語を、日常会話の中に無意識的に受容していくといったものにとどまりません。たとえばある日突然カメラを向けられても、〝テレビ映りを想定したリアクション〟がとれる、テレビ的コミュニケーション行為を、既に人々が身につけているといったこと――特にバラエティ番組に参加する視聴者の様子や、地域取材コーナーなどのシーンも、思い浮かべる必要があるでしょう。つまり、それだけ「われわれ」の日常のコミュニケーションが、テレビに媒介された社会的編成、社会的パロールの回路の中に組み込まれているということなのです。

こうしてマテリアル化された「われわれ」の言語流通システム全体が、実は「テレビ場」として形成された「メディア圏」そのものになっているといえるでしょう。そう考えると、直接的な接触規模でメディアのパワーを測定するだけでは、いかにメディアと「われわれ」の関係を部分的にしか捉えることができないかがわかります。

その一方で、「メディア圏」というスケールで考えるならば、今日さまざまな局面でデジタル化が旧来のマス・メディアを動揺させている状況は、まさしくそのシステムの再編に他ならないといえます。たとえば地上デジタル放送に実装される技術は、テレビにそれまでなかった多くの機能を付け加えました。多チャンネル、双方向性、データ放送、高度な予約・録画機能による時差視聴、ユビキタス視聴機能など。ハイビジョンを除くこれらの技術はみな、「通信」を出自としています。

これらは一見、これまでのテレビになかったものとして、「加算的」に表象され、プロモーションされています。しかしよく考えてみると、かつてそれらはテレビとの直接的な接触点には備わっていなかったものの、テレビの一方向的な情報の流れの外にあってテレビを支えてきたものだったのです。これらかつてテレビの外部にあった多様なコミュニケーション・モードが、「新しいテレビ」の技術によって、物質的に秩序化され、テレビ・システムとの接触を司るインターフェイスの内部にとりこまれようとしている――これがいま起こっている動向なのです。

放送と通信は本当に「融合」するのか

問題はこうした再編が、デジタルという汎記号的性質をもった技術によって支えられているということ——さらに、その再編が「放送」よりも先に「通信」の分野を中心にして、幅広いコミュニケーション・モードをその中に取り込むようにして進んできたという事実の中にあります。すなわち放送と通信は、接触規模を競い合う単純な「ライバル」関係ではなく、さりとてごく自然な成り行きとして「融和」「融合」が宿命づけられているものでもありません。仮に、そうだとするのなら、とっくにそうなっていたわけで、したがって問題は、もともと異質なコミュニケーション・モードを担う「形式」であったはずの両者が、〝デジタル技術が媒介することによって初めて〟互いの境界線を危うくしていることにある——そこにこそ私たちは焦点を合わせるべきなのです。

今日私たちが日常的に耳にしている報道——例えば、通信事業者の放送局の買収といったようなことに象徴的に現れている現象は、正確に言えば、放送と通信の「融合」なのではなく、通信事業者の放送領域への経済的な進出でしかありません。しかし、単なる進出ではあっても、それがデジタルという技術的な前提に支えられている以上、テレビのこれまでの意味生成機能――「テレビ的」な情報伝達やコミュニケーションの機能を覆い、全く新たにシステムを規定していく可能性を十分もっています。

　そもそも「放送」は、文字通り〝情報を送り放ち〟、社会空間に対してメッセージを投げ込む、すなわち不特定多数に対する情報の発信を行うという性格をもっています。リアルな「開かれた」社会空間を媒介するからこそ、「遍《あまね》く」「偏《かたよ》らない」ことが肝要になるわけです。しかし通信は全く対極的な原理に支えられているメッセージ伝達の仕組みです。それは社会空間の媒介を想定しない、情報の送受信の当事者間だけで完結するシャノンとウィーバーの「情報理論」的関係性を前提にしています★49。だからこそ通信事業者は、コミュニケーションの内容に介入できないわけで、この不特定か特定かという点が、実は放送と通信が作り出す「意味世界」の、根本的な違いを生み出しているのです。

　とりわけデジタル化が進行した今日の通信環境においては、情報の送受信を行う者が全てＩＰ化され、相手が特定されます。つまりこの当事者間の「閉じた関係」が閉じたままで、無数のコミュニケーションの網となって広がっていくことになります。

　この点から言うと、今の地上デジタル放送が進んでいる方向は、「開かれた空間」によって媒介される放送事業でありながら、その情報の流れを司る仕組

★49　情報理論（クロード・シャノン、ウォーレン・ウィーバー）一九四八年にシャノンが著した「A Mathematical Theory of Communication」という論文の中で示された通信の原理。それは「一点にあるメッセージを別のもう一点に正確に、あるいは近似的に再製すること」に集約される。そのためには情報は1と0の組み合わせを送るだけで十分伝送できることを数学的に証明。これは今日のインターネット、光通信、無線通信などのデジタル通信技術の基盤となっている。翌年、この論文に解説を加え、この理論が人間のコミュニケーションにも適用可能であることを示した。

みを通信の「閉じた関係」に委ねるという「ねじれ」の中に向かっているということになります。一見「通信の全面化」に向かいつつあるように思える状況のなかで、テレビの位置はどのように定められていくのでしょうか。そもそも「放送」は全て「通信」のメカニズムの中に回収されきってしまうことができるのでしょうか。テレビは果たしてその中で生き残ることができるのでしょうか。

それは、なぜ地上デジタル放送に向かうテレビが、同じ通信技術に支えられるインターネットを畏怖するのかという点から考えてみることができます。既にみてきたように、今日双方の当事者に意識されているテレビとインターネットの対立は、実際は「接触規模」を争う表面的な次元にすぎません。しかし、テレビとインターネットに対する「われわれ」の接触形態の違いは明らかで、それを考えると、直接的にシェアを争う場面は果たしてあるのか疑問に思えてきます。

インターネットのメディア接触は主体的かつインタラクティブなアクセスに支えられています。それに対して放送は、時間のリニアな流れに従って情報が編成され、視聴者は基本的にパッシブにそれを受容します。つまり同じ時間にコンタクトしても、両者の情報の流れは直接には競合しない交差関係にあります。なぜなら、テレビがテレビとしての存在を最も主張する部分は、人々と接触するインターフェイス（モニター画面）にあるのに対し、インターネットがインターネットたる所以は伝送路にあるからです。インターネットとテレビは、そのメディアを物質的に組織している、コアの部分がずれているのです。

テレビは、さらにこの接触面を社会空間に晒し、そのリアルな時間の中で、報道にしてもドラマにしてもバラエティにしても、その意味を発生させています。テレビの「メディア圏」は、こうしてインターフェイス機能を中心に組織化されていくのに対し、インターネットに代表されるデジタル通信網は、そのような構造原理を持ちません。あくまでIP単位のパーソナルな関係の上で情報が送受信される――それが、仮に「社会」を仮象しうる「規模」を獲得したとしても、それは決して「近代」が定義づけてきた意味においての〝社会的な空間〟ではないのです。このあたりから「2ちゃんねる」や「セカンドライフ★50」のコミュニケーション空間の擬装性を論じることができます。

かつて、テレビが組織化してきた「メディア圏」においては、『8時だョ！全員集合』は、八時でなければならなかったし、朝の連続テレビ小説は朝八時一五分、『紅白歌合戦』は一二月三一日であることに意味があったのです。こうした時間の共有が、空間の共有にも結びついていきます。家庭を舞台としたドラマでは、何故ちゃぶ台の手前の席が空いているのか――それはテレビの画面の手前側のポジションに、視聴者の存在を仮定しているからにほかなりません。こうした具体的な時空間の切り結びの中で、テレビは「戦後の家庭生活」と、

★50　「セカンドライフ」米リンデンラボ社が運営する、インターネット上の3D仮想世界でアバターを用いて生活できるサービス。二〇〇三年サービス開始だが、二〇〇六年突如脚光を浴び、実際に商品を売買し収益を上げる人々が出始め話題になった。http://jp.secondlife.com/（日本語版）

その社会的なイメージを立ち上げていく作業を行ってきたのです。
インターネットは――そのコアであるデジタルネットワークという組織された物質性は、少なくとも、今のところこうした時空間秩序を構制してはいません。そう考えると、インターネット的なメディア圏が「われわれ」の日常生活を覆うことの問題点が少しずつ見えてきます。仮にテレビが（それがこれまで十分機能していたかどうかは別にして）、社会というものの全体性、そこから発する公共的なものに関するイメージや想像力とのインターフェイスを確保していたとするならば――実はテレビがインターネットを畏怖するのは、私たちが「社会」をイメージしなくなることを予感してのことなのかもしれません。

「コンテンツ」ということばの意味

テレビとインターネットの競合関係、放送と通信の融合――ここまで見てきたように、実は各々のメディアのコンタクトの形態を丁寧にみていくと、それらは世間一般で言われているような単純な対立関係にはないことがわかってきます。私たちとメディアとの接点は、競合する局が番組の視聴率を争うような次元に限定されてはいません。その接点は、組織化されたマテリアル（MO）をコアに、間接的な影響関係を物質的に組織化（OM）しながら独自の「メディア圏」として形成されていると考えることができます。故にそれは極めて多層的であり、多元的な視点で論じることが、本来は要求されているのです。しかし、こういったことは表立って議論されることはほとんどありません。むしろ問題の切実さが増すにつれて、どんどん私たちは表層的な議論に封じ込められていくように感じられます。それは何故でしょうか。

この章では、冒頭にイノベーション・イメージにともなう「流行語」の氾濫について触れました。「流行語」は、とりあえず流通することがその使命であり、その意味が問われないが故に、その使命を全うすることばであるといえます。言い換えれば「流行語」には、意味に蓋をする機能が備わっているということになるでしょう。「流行語」に限らず、そのことばを使うことによって、表層に自らを封じ込める力をもつ「メタ言語」が、今日のメディアの世界には溢れています。いやむしろ、人々はポジティブな意識でこれらのことばを使い、それが流通する閉じた圏域の共同性を確認しているようにも見えます——いま、そうした状況の中で、とりわけ気になることばが「コンテンツ」です。

いつからか放送関係者も、ごく自然に自らの制作物を「コンテンツ」という名で呼ぶようになっています。しかし、これまで放送が行ってきた行為は果たして単なるコンテンツ配信だったのでしょうか。放送というメディアが流してきた情報はすべて「コンテンツ」として、私的な消費に回収されきってしまうものなのでしょうか。

今、放送の現場では、専門チャンネルや地デジでも、専ら番組の「コンテンツ」としての価値が議論されています。「コンテンツ」とは、言うまでもなく〝content〟――「中身」「内容」という意味に対応することばの複数形です。それ自体には何ら特別な「色」はついていません。しかしこうしたことばが日本語に入ってくるときは、しばしば特殊な文脈を伴っていることに注意を払う必要があります。「コンテンツ」はもともと、物理的な媒体（メディア）に対する「中身」、それに入れ込む「内容」を意味するものとして用いられるようになったことばです。CD-ROMなどに映像が収録され販売されることが一般的になるにつれ、それらパッケージメディアの内容――文章、音楽、画像、映像、データベース、またはそれらを組み合わせた情報の集合体を、私たちは「コンテンツ」と呼ぶようになったのです。つまりこのことばの日本語としての起源は、デジタル技術のメディアへの導入とともにはじまり、その普及基盤であるインターネットの広がりによって、一般化していったのです。

こうした状況下で用いられるようになったことばですから、それにはそもそも「商品」として「流通」し、「消費」されるという性格が織り込まれています。それは「コンテンツ」が常に複数形で用いられるということにも表れています。ですから放送関係者たちが、自分たちの制作物をためらいなく「コンテンツ」の名で呼ぶとき、それらは「編成」という時間・空間的な秩序から解かれて、デジタル化した文化商品の範列に組み込まれ、市場を浮遊することが了解されてしまったように聞こえるのです。これはもはや止めることのできない流れなのでしょうか。

既に見てきたような、テレビとインターネットの、放送と通信との「メディア圏」の形成過程の違いを踏まえて考えると、どうしてもテレビ「番組」を、他のデジタル・コンテンツと同様に「コンテンツ」ということばに一括されてしまうことに抵抗を覚えてしまいます。このことばの解釈の中に回収されきれない性格を、「番組」は備えていたはずなのに――。

メディア環境における表現物が「コンテンツ」ということばで一括される状況は、それほど自明なことなのでしょうか。「流通」するという性格を有している「コンテンツ」の名で、放送制作物を呼ぶということは、その環境が到来することが既定路線として語られていることに他なりません。しかし既に何度か指摘してきましたが、さまざまな調査結果を参照すると、実は世間で言われているほどインターネット利用は「遍く」広がってはいません。つまりここには、ある種の先取り感覚が蔓延しているといえます。

こうした感覚は、現在デジタル・メディアの普及について一般に言われている「ドッグイヤー」的物言いに通じています。それらは現在進行している傾向に対して、意味を問うことなく無条件に肯定、追従し、認め合う関係性の中の「共同することの安らぎ」を甘受しようとする志向に支えられているといえます。そうした中では、サプライヤー側の期待がそのまま言説化するという傾向が強くなります。

デジタル技術の動向に関するボキャブラリーが、どうしても「業界的」になってしまう理由はここにあります。こうした〝マーケティング的イデオロギー〟の日常生活への侵食は、今日深刻の度をますます大きくしているように見えます。

私たちはなぜ「表層的思考」に囚われるのか

二〇〇六年にベストセラーとなった梅田望夫の『ウェブ進化論★51』は、こうしたイデオロギーの浸透を強く印象づけてくれました。この本にかぎらず、二〇〇六年から二〇〇七年は、「Web2.0」という「流行語」的動向をポジティブに謳い上げる傾向一色に覆われていたといえます。その傾向は、「ネットに接続」する「すべての人」が「マーケッター」として生きることに対する無批判的受容であると言い換えることもできます。

こうした志向の問題点は「すべての人」と「マーケッター」と「ネットへの接続」という三つのことがらの相互依存的な結びつきにあります。冷静に考えればわ

★51　梅田望夫『ウェブ進化論』（二〇〇六、ちくま新書）
Web2.0と呼ばれる動きが、いったい何をどう変えているのか、最初に的確に解説した本ではないか。「開かれた」ネットワークが生み出す知の再編成と、新しい経済圏、特に「参加」と「検索」が新しい価値を生み出しているという指摘は正しい。しかし、やはりこの本にもその動きに対する無条件の称揚と、その前提を成しているエリート主義、経済・技術万能主義が気になる。本書で言及した「総表現社会」の問題については、一四三頁参照。

かるように、決してこの社会に生きる「すべての人」が「マーケッター」ではないし、「ネットに接続」しているわけでもありません。しかし、「ドッグイヤー」的にデジタル技術の浸透が進むことをひとたび認めてしまえば、この認識は簡単に反転してしまいます。すると「すべての人」にとって「ネット」は与えられた自明の環境をなすものとされ、すべての情報が商品として流通しうる「世界」の中にどっぷりと身を浸すことによって、全人格がマーケットに封じ込められ、「すべての人」は「マーケッター」として生きることがあたりまえに思えてきます。そしてさらに「マーケティング」行為への参加が、極めて安易に「表現行為」一般に置き換えて語られていきます。

『ウェブ進化論』の中で梅田は、「総表現者社会」ということばを用いながら、ブログユーザーを例に上げ、発信者として情報起点の位置を占めることをポジティブに称揚しています。しかし梅田は一方で、そうした「表現」は必ずしも「すべての人」に広がるものではなく「せいぜい一〇〇〇万人」といった限定されたものであることを臆することなく表明もしているのです。こうした「詐称」というにはあまりに無邪気なことば遣いが反復されることによって、この新しいメディアから排除される人々や、マーケティングに回収されないコミュニケーションの可能性に対する無関心や忘却が生みだされていきます。

無規定なことば同士が、相互依存的に参照関係を築くことによって、現実を認識することが不可能な壁を作り出す――これこそがイデオロギーの本質的な機能であるといえます。しかもイデオロギーは、第一章で確認した視聴率をめぐる三つの立場を繋ぐ「背中合わせのインターフェイス」を成したように、仲間うちに閉じたコードにとどまらず、社会的なシステムとして私たちの「世界」を覆って行きます。

ですからこうした意識は、デジタル化をポジティブに受容する人々だけでなく、こうした流れに抵抗を示す、旧勢力（二〇世紀的メディア陣営）も浸透していきます。というよりも逆に、既に彼らの方がデジタル化に先駆けて「マーケティング」的ボキャブラリーに浸っていたのです。考えてみるならばそれは当然のことで、そもそもこの意識は二〇世紀の社会的潮流である「マス」化とともに広がっていったものだからです。

たとえば今日それは、デジタル録画視聴におけるCMスキップに関する論争などにも表れています。デジタル化を称揚する側も、抵抗を示す側も、ともに現在のCMという広告スタイル自体がどのような前提によって成り立っているか――実際それは、リニアに時間が流れるテレビの「メディア圏」に合わせて出来上がったモデルであるのですが――には、関心を示しません。彼らの議論は「CMが飛ばされてしまう危険性をどう防ぐか」（旧勢力）対「CM以外の方法で視聴者を〝釣る〟レベニューモデルを作り出せばいい」（新勢力）の水掛け論にいまだに終始しています。いずれにしてもこうした「操作性」の次元に思考の枠が嵌められている状況は、見かけの対立を深刻化させ、そのことによって逆に関係性の硬直化を加速させているともいえます。

視聴率の問題同様、視聴者といわれるような一般の人々もこの思考の枠組みの中に囚われているといえます。二〇〇五年にNHK放送文化研究所が実施した、『日本人とテレビ』という調査の中にそれははっきりと表れています★52。この調査は、テレビ、ラジオ、新聞そしてインターネットという四種類のメディアについて、各々どのような情報内容に適合していると利用者たちが評価しているか、そしてそれはそれぞれのメディアのどのような機能的特性に支えられているかについて報告しています。ナンバーワン・メディアとしてのテレビの圧倒的な強さのために、なかなか比較自体は容易ではないのですが、それでも数値が小さすぎるラジオを除くと、三つのメディアの特徴を利用者がはっきりと意識していることが表れています。「報道」と「娯楽」に適合したメディアであるテレビ、「解説」を軸に「報道」や狭義の「情報」提供に適した新聞、まだスコア全体が小さいが狭義の「情報」への適合性が突出しているインターネット——こうした特徴は、各々のメディアが評価される機能的特質（テレビは「速報性」と「わかりやすさ」、新聞は「詳報性」、インターネットは「選択性」）と一致しています。

★52『日本人とテレビ』一九八五年から五年に一度、テレビと人々の関わりにフォーカスしてNHK放送文化研究所が実施してきた調査。特に二〇〇五年は、テレビとインターネットの関係が主題化された。この調査の報告は、二〇〇六年四月のNHK放送文化研究所シンポジウムで報告され、『放送メディア研究（4）』（二〇〇七、丸善プラネット）の「企画意図」の章の中で解説されている。

☆図08参照。

この三つのメディアの関係は、たとえばこのように読むことも可能です――もっとも古く力を持っていたメディアである新聞に、かつて集中してきた機能のうち、約五〇年前、「速報性」はテレビに奪われ、そして今「選択性」がインターネットに移行し、その結果「詳報性」だけが新聞に残った、と。しかしこのようなメディアの機能分散については、ある意味、私たちのメディア・コンタクトのスタイルが、特定のメディアとの一対一対応関係の中に閉じ込められてしまう可能性を生み出していると考えることもできます。

役に立つメディア

%

	テレビ		新聞		ラジオ		インターネット	
	2000年	2005年	2000年	2005年	2000年	2005年	2000年	2005年
＜報道＞	65	**66**	24	**18**	7	**8**	1	**4**
＜娯楽＞	58	**57**	2	**2**	2	**2**	0	**0**
＜解説＞	48	**51**	41	**35**	3	**2**	0	**2**
＜情報＞	38	**35**	11	**12**	3	**2**	4	**11**

＜報道＞　世の中の出来事や動きを知るうえで
＜解説＞　政治や社会の問題について考えるうえで
＜娯楽＞　感動したり、楽しむうえで
＜情報＞　生活や趣味に関する情報を得るうえで

メディア効用比較（インターネット利用頻度別）

（%）

	「毎日」利用者		「週1～4回」利用者	
報道	テレビ	56	テレビ	68
	インターネット	20	新聞	21
	新　聞	18	ラジオ	7
娯楽	テレビ	47	テレビ	44
	映画・ビデオソフト	26	映画・ビデオソフト	25
	本	13	本	13
教養	本	42	本	39
	テレビ	20	テレビ	23
	新　聞	17	新　聞	19
情報	インターネット	39	テレビ	24
	テレビ	23	インターネット	21
	タウン誌・情報誌	10	タウン誌・情報誌	17
解説	新聞	42	テレビ	47
	テレビ	42	新聞	44
	インターネット	9	家族との話	2
慰安	テレビ	28	テレビ	30
	ＣＤなど	23	ＣＤなど	21
	家族との話	21	家族との話	18
交流	知人との話	41	知人との話	49
	テレビ	17	テレビ	20
	インターネット	11	家族との話	8
		（317人）		（268人）

ニュースや情報を知るうえで評価するメディア

（%）

	テレビ		新聞		ラジオ		インターネット	
	2000年	2005年	2000年	2005年	2000年	2005年	2000年	2005年
＜速報性＞	82	**78**	2	**1**	12	**12**	3	**6**
＜わかりやすさ＞	69	**67**	23	**21**	2	**3**	0	**2**
＜詳報性＞	37	**37**	51	**46**	1	**2**	3	**8**
＜選択性＞	38	**35**	33	**25**	2	**3**	13	**22**

＜速報性＞いちばん早く伝わると思うのは
＜詳報性＞いちばん詳しく知ることができるのは
＜わかりやすさ＞いちばん理解しやすいのは
＜選択性＞必要なものだけいちばん選びやすいのは

図 08 『日本人とテレビ』調査より

「選択性」「ながら視聴」の意図的使用

特に昨今、インターネットの普及とともに称揚される「選択性」という機能特性についても、この点からその意味を考えてみる必要がありそうです。私たちが日常生活で「選択性」ということばを使うとき、その意味には「必要なものを選びやすい」というだけでなく、「自分たちの思うように対象を操作できる自由がある」というニュアンスも加わっています。この「選ぶ」ことから「操作する」することへ発展していく流れは、一般に〝主体性の発揮〟というポジティブな文脈で解釈されていますが、反対にそれは「自分の好きなものしか見ない」、つまり見たくない情報が一切自分のメディア環境の中に入ってこないことへの欲求へとつながっていく可能性にも開かれています。要するに「選択性」という概念を、積極的かつ主体的な、肯定すべきイメージとして単純に受け入れてしまっては、それが現在評価されているインターネットのコンタクトの実態を、読み間違ってしまう危険性もあるのです。

一方『日本人とテレビ』の調査では、テレビは「速報性」「わかりやすさ」とともに、「娯楽」や「慰安」を与えてくれるものとして評価されています。前者二つの特性は、この調査では〝ニュースや情報を知る上で〟評価すべき項目として挙げられたものです。この切り口は他のメディアにも共通する設問として有効ですが、「娯楽」や「慰安」すなわち身体的な安息を与えてくれるという効用は、どうやら極めてテレビ的なものであるといえそうです。しかし、実は一見理性的な態度に見える「速報性」「わかりやすさ」という特性も、よく考えてみれば、その情報に対してパッシブな姿勢にあるという意味では、「娯楽」や「慰安」を受容する態度と共通したコンタクトの形態であるということができます。

このテレビ的な受動的身体性は、インターネット的な「選択性」に代表される情報接触態度と全く対極的なものかといえば、角度を変えて考えればそうとも言えなくなってきます。つまり先ほど述べたように、「選択性」にも両面性があります。必ずしも主体性の発現とは言えない、〝閉じこもる〟ことに向かう「選択性」は、実は「安息性」と根っこの部分では同じ感覚的な動きに支えられているといえます。

そのように考えていくと、今日必ずしも数々のメディアは、その機能特性によって役割分担をし、合理的な棲み分けを行っているわけではないことがわかってきます。その一つの具体的な例を、今日なにかと取り上げられる「ながら視聴」にみることができます。この現象は、特にインターネットの普及とともに話題にのぼるようになってきました。インターネットを称揚する陣営にとっては、その接触形態の幅広さを象徴するものとして。また一方、テレビ擁護の陣営にとっては、インターネット利用の拡大があってもテレビ視聴に割く時間は減らないことのアリバイとして。

確かに、「ながら視聴」は二つのメディア接触が重なりあった特異な現象のように思われます。しかし既にみてきたように、この現象ではそれぞれの情報の流れは自律し、ぶつかり合ってはいないのです。いわば二つのメディア接触行動が並行して機能しているのです。こうした二つの状態が独立したまま結びつく状態を可能にしている行為のひとつに、「検索」があります。最近、ＣＭに数多く謳われているこの行為は、ユーザー側が送るリクエストが起点となることに特徴づけられています。一見主体的で積極的な行為である「検索」が「ながら」ということばがイメージさせる「緩さ」に奉仕していることに注目したいと思います。「緩さ」は「楽さ」に通じています。つまりここでは「積極性」は、パブリックな拡散に向かう情報を、私的に閉じた探索のプロセスに送りこむゲートウエイの役割を担っているのです。

客観性や正確さだけではない。ニュースや情報を知る上での「速報性」や「わかりやすさ」、そして「娯楽性」「慰安性」を享受するといった側面が、この五〇年、私たちがテレビを受容し続けた歴史を支えてきました。とりわけ、そもそもコンタクトの回路を開くのが「楽だ」という点。くたびれて帰って来た時に、家に帰るとすぐテレビをつけて、聞くとはなく聞いているその楽さ加減。何を見ようかザッピングするときの楽さ加減は、テレビ受容を支えてきた大きな要因であるといえます――「ながら」と称されるテレビとインターネットの共存関係は、こうしたテレビ視聴の本質的価値の延長線にあるということもできそうです。

NHKは、この『日本人とテレビ』の調査報告を、〝利用者がテレビとインターネットを便利に使い分けている〟と結論づけましたが、そこに現れた「選択性」は、必ずしも〝自分の用途に応じて、その場その場でふさわしいものを選ぶ〟といった理性的なイメージだけで解釈できるものではありません。特にテレビを支えてきた安息性を求める感覚や、全面化するマーケティング環境との関係を考慮するならば、新しいメディア圏の再編・成立は、もっと身体的な情報の流れに基づく欲望とその消費というダイナミズムとして捉えなければならないと思います。というよりも、むしろこうしたメディアたちによって構成される情報の流れが、今日の私たちの認識環境を成り立たせている考えるべきでしょう。

二〇〇六〜二〇〇七年、日本国内の政治状況や社会状況の中で奇妙なふるまいを続けるテレビの問題を鋭く突く、すぐれたメディア論がいくつか現れています。香山リカ『テレビの罠』、武田徹『NHK問題』、金平茂紀『テレビニュースは終わらない』など★53――コイズミ首相が演じた「テレ・ポリティクス」

★53 香山リカ『テレビの罠』(二〇〇六、ちくま新書)、武田徹『NHK問題』(二〇〇六、ちくま新書)、金平茂紀『テレビニュースは終わらない』(二〇〇七、集英社新書)

この三冊と本書が共有している立場は、「テレビ不信」や「テレ・ポリティクス」を視聴者との関係性における構造的問題として捉えていることであり、またそれに対抗する放送の「公共圏」としての機能に期待を寄せていることである。ではその実現のためにはどうしたらよいか――そこに今一歩踏み込み切れていないのは何故か。実は本書を書こうと思い立ったのは、これらの本に刺激を受けたからであることを告白しておく。

やイラク邦人人質報道、そしてそうした動揺の果てにシステム自体がガタガタと音を立てて揺らぎ始めた「放送」――こうした背景に対して、新しいメディア論の著者たちは、それを「メディア」という体制内に閉じた眼差しではなく、この社会に生きる人々全体を覆う「不安や孤立の恐怖」（香山、一三二頁）「セキュリティ化、安全確保要請」（金平、一五九頁）「グーグルを神に喩える慣習」（武田、二一一頁）といった「気分」がやがて「大義」に昇華する流れに視線を注ぎ、論じています。

こうした従来メディアの「受け手」として一方的に影響を受けてきたかに見えていた人々が、実は彼らが好んで受容するメディアの情報の流れ方に介入し、逆説的に社会を動かしているという認識は、基本的に本書とも共有しています。しかし、この状態にいかにして立ち向かうかという問題に、この認識から一気に踏み出していくのは、やや早すぎるように思います。こういう状況だからこそジャーナリズムの本旨に立ち返るべきという主張には、確かに潔さは感じますが、しかし今日私たちが直面している状況は、果たしてかつての（デジタル技術登場以前の）「メディア圏」の中で唱えられてきた図式からスタートするだけで十分かというと、いささか心もとないようにも思えてしまいます。

「不安」を「同化」することによって解消しようとする人々は、同時にその安全のために同質性を担保する「壁」を要求します。もしかするとメディアは今日、その「壁」としての機能を中心として構成され、組織されているのではないでしょうか。「壁」はかならず安寧な内側と同時に、その外部を作り出します。そして「壁」は内側の我々には気がつかれない脅威として君臨する可能性を秘めているのです。その「壁」とは何なのか、その外部には何があるのか——状況に立ち向かう備えは、まずはこうした問いを踏まえてから、構想した方がいいように思います。

2 テクノロジーと環境認識

「欲望」とそれに対象を与える「技術」

現代フランスの代表的な哲学者ベルナール・スティグレールは、ドブレが構想した「メディオロジー」のコンセプトをさらに哲学的に精緻に構想し、発展させる仕事をしてきました。特にアンドレ・ルロワ＝グーランの技術発達史の観点、ジルベール・シモンドンの身体論の射程を踏まえて、メディアなるものを「技術と人間」の関係のあらわれとしてハイデガー的な存在論の構図の中に描きなおすアプローチは、とても刺激的です★54。このスティグレールの仕事から、今日のデジタル化する「テレビ」の存在様相を的確に指し示す概念をいくつか拾うことができますが――「産業的共時化」、「第三次過去把持装置」、この二つはとりわけテレビとそのメディア圏の成立のメカニズムを考えると重要です。

スティグレールは、フロイトの欲動（対象をもたない、人間の原初的な心のうごき）の概念と、フッサールの現象学的「時間」概念―過去把持―を使って、技術が〝いったい人間に対してなにをしているのか〟を説明しています。たとえば彼は、そもそも「テレビジョン」とは「テレ」＋「ビジョン」＝遠隔視覚

★54　B・スティグレール『象徴の貧困〈1〉ハイパーインダストリアル時代』（二〇〇六、新評論、ガブリエル・メランベルジェ＋メランベルジェ眞紀訳）
スティグレールが「象徴の貧困」という語で描いているものは、「私」という個人がその存在を得るために行う象徴的活動が、すべて産業化されたメディアの包囲網の中で収奪されている状況である。彼の「凄さ」は、その状況を描くために用意した――「技術と人間」の関係を軸とした理論の配置にある。まだ翻訳は少ないが、彼の仕事の全体像については、二〇〇五年に彼を招いた石田英敬のWebサイトに詳しい資料がある。http://www.nulptyx.com/images/stiegler.pdf

である、すなわち知覚可能な世界のさらなる広がりをつくりだすものである――という前提からはじめます。さらなる――それは、どうやって実現されるのか――そこに「技術」の役割を見出すのです。

　ここでは技術は、時空間の拡張を支えています。人間も基本的には他の動物と同じように、自分の周辺の環境に存在する情報を感受し、それを送りかえす作用を繰り返して持続的な関係（ユクスキュルが言うところの「環境世界」★55）を作り出しています。その知覚対象が空間的にも時間的にも広がっており、それが技術や道具の媒介を経てそうなっていることが人間の環境世界の特徴を成しているといえます。そのことを「欲動」「欲望」と「対象」という関係でとらえると、「対象」を持たない原初的な心の動きである「欲動」を組織化し、それに自然的ではないかたちで、「対象」を提示する役割をもっぱらメディア技術が担っている今日の状況が浮かび上がってきます。この現状についてスティグレールは「欲動資本主義」という概念を用いて説明します。

「欲動資本主義」においては、「欲望の対象」がメディアによって同時的に多くの人に与えられることによって、「共時」感覚（「いま」を感じること）が「産業的」に他者と重ねあわせられます。意識のプロセスにメディアが介在することは、「単独性の喪失」を通じた共存空間を作り出すのです（「産業的共時化」）。一方、メディアは単に共時・同時性を作り出すだけではなく、過去把持機能、

★55　環境世界
ハイデガーにも強く影響を与えたエストニアの生物学者ユクスキュル（一八六四～一九四四）が唱えた概念。世界と生物の関係は「機能環」、すなわち作用関係をベースとした自己言及的な回路で結ばれているとの主張。つまり環境とその中に生きるものが、不断の相互作用の中で互いを「変化させる」関係性にあるという意味を、この概念は包含している。J・V・ユクスキュル（＋クリサート）『生物から見た世界』（一九九五、新思索社、日高敏隆＋野田保之訳）参照。

すなわち過去を現在（いま）につなげる意識作用を技術的に担保し、対象とすべき時間をも拡張していきます。つまり、メディア技術は、時間と空間に対する相互媒介作用を通じて、過去の「記憶」の集団的共有という組織化を強固に進めていくことになります（「第三次過去把持装置」）。

こうしたスティグレール的なメディア技術に対する解釈を踏まえると、たとえば表面上「テレビ」と「インターネット」を隔てている性格の違い――特に「選択性」と「安息性」の問題は、「われわれ」の「欲動」がいかに組織化され、「対象」との出会いが作り出されているかという、情報の流れかた、そのプロセスに光をあてることになります。つまり「選択性」の有無といった単純な二者択一に還元して、両者の「違い」を強調し、対立を煽るような物言いはできなくなるはずなのです。ニコラス・ルーマンの社会システム論の観点からみれば、こうした単純化こそがメディアの特性ということにもなりますが（ルーマン『マスメディアのリアリティ』★56）。

現代の情報社会において「選択性」は、各々のメディアの内部に備わる機能であると同時に、多様な情報接触を可能にするメディア間の配置に関わる社会的なファクターであるといえます。そう考えると「選択」すなわち「欲望」とそれを実現する「特定の対象」との出会い方は、多層的な技術的な影響下にあることになります。

★56　N・ルーマン『マスメディアのリアリティ』（二〇〇五、木鐸社、林香里訳）
ルーマンの社会システム論は、社会について、コミュニケーションをその基本的な構成素として自身を再生産する「オートポイエーシス」が機能していると説明する。マス・メディアも当然、その一つということになるのだが、今日のメディアの現状の全てが、ルーマンが用いる二値コードの理論で説明できるかというと、そこは議論の余地がありそうだ。

このように言うと、なんだか「技術決定論」というレッテルを貼られてしまいそうですが、そこは「技術」の範疇を広く捉え、物心二元論を超えることで、そうした批判を退けることができるでしょう。スティグレール自身、人間の過去との向き合い方、すなわち「記憶」自体も「技術」であるといいます。つまり、物質的・産業的なカテゴリーとしての「技術」だけではなく、テクネー（techne）という語源にまで遡ってその意味を考えれば、今日「実体」として私たちの目の前に迫るデジタル・テクノロジーも、もともとは人間のポイエーシス（制作活動）のある部分の外化態であるという、素の姿が現れてきます。そこには「人間―機械」の代替可能な関係があります。

旧来のテレビは、そのマスかつ一方向的な情報の流れを補完する役割として、「家族」など「親密圏」を成す人々との「会話技術」などに接続し、特有の「メディア圏」を形成してきました。しかしそれらは、今日の新しい技術環境の中で、「ながら」視聴行動を支えるインターネットの「検索」や、「2ちゃんねる」的スレッドやブログの中に、相当規模で取り込まれるようになっています。そう考えると、地上デジタル放送は、その流れをもう一度テレビの支配領域へ引き戻すために仕掛けた戦いのようにも見えてきます。

しかし、「地デジ」が実現しようとするものは、コミュニケーション全体の構図の中で、直接的かつ機械的な接触面が明らかに肥大しているという点において、以前のテレビの「メディア圏」と大きく異なります。問題の核心は、もはや〝テレビか、インターネットか〟という見かけの対立の次元にはありません。放送も通信も等しく呑み込もうとしている「デジタル技術」と「人間の生きられる社会」の、生活圏をめぐる争いとして状況を認識すべきなのです。

前景化する機器たちの存在感

現在私たちは、自らが生きるこの世界のことを、しばしば「情報社会」ということばに代表させて語ります。しかしこのことばを実感させるイメージはそもそもどこからやってきているのでしょうか。〝情報社会とは何か〟と人に問えば、その多くが〝情報があふれている社会〟と答えるでしょう。しかし本当にそうでしょうか。この問いを前にすると、私たちは実はさほど、自分を取り囲む情報環境に貪欲に向き合っているわけではないことに気がつきます。つまり私たち自身、のべつ大量の情報の必要性を感じてそれを選別・処理し、積極的な創造活動をすることを求めているわけではないのです。

では私たちはいったい何に「情報」の存在を感じているのか——気がつけばそこに「機器」がある。そしてそのことに「安心」する。一部の人を除けば、これこそが「情報社会」のリアリティなのではないでしょうか。情報機器が手元にあるという実感覚を通じて、私たちは、周囲にたくさん情報があるイメージをヴァーチャルに創り出している――そう考えると、情報機器を買いあさる私たちの欲求とは、情報源ないしは情報が指し示す「対象」にではなく、それを一旦「機器」に委ねることによって得られる「安心」に向けられたものなのではないかと思えてきます。すると、昨今急激に進む「テレビ離れ」も、積極的・主体的な選択の結果ではなく、逆に選択を機器に預けることによって得られる怠惰な「楽さ」、すなわち「安息的価値」を求めたものとみることもできます。

こうした傾向は、これまで取り上げてきた調査に顕著に表れています――序章で触れた電通総研『情報メディア白書2005』や、NHK『国民生活時間調査』に表れた、メディアに包囲されるような感覚。それらに加えてさらにここでは、注目すべき事例として(社)日本広告主協会(現在は、日本アドバタイザーズ協会に改称)が実施した『デジタル機器普及動向調査』の結果を紹介したいと思います★57。この調査は二〇〇三年から二〇〇五年のわずか三年間ではありますが、次々に世に送り出されるデジタル機器商品の普及と利用意向をトラッキングしたものです。そこには三つの局面において、〝技術に向き合う人々の意識と無意識〟が、極めて興味深いかたちで映し出されています。

まず「家庭通信環境」について見ると、そこでは回線に対する意識と無意識が大きな差となって表れています。家庭に引いたインターネット回線に関する

★57　日本広告主協会『デジタル機器普及動向調査』二〇〇三年五月、二〇〇四年九月、二〇〇五年一〇月の三回にわたり、「テレビ放送機器」「インターネット回線」「携帯電話」「その他デジタル機器」の四分野四二種のサービスについて所有(利用)、所有意向(利用意向)の変化を定点観測。インターネットのオムニバス調査を利用したことや、項目を随時追加したことなど、調査としての問題も少なくないが、そのことによるデータの揺れも含めて、貴重な資料となっている。拙論「情報機器が生み出す『融合』環境と『広告』の位相」(石田英敬編『知のデジタル・シフト』二〇〇六、弘文堂)参照。
☆図09参照。

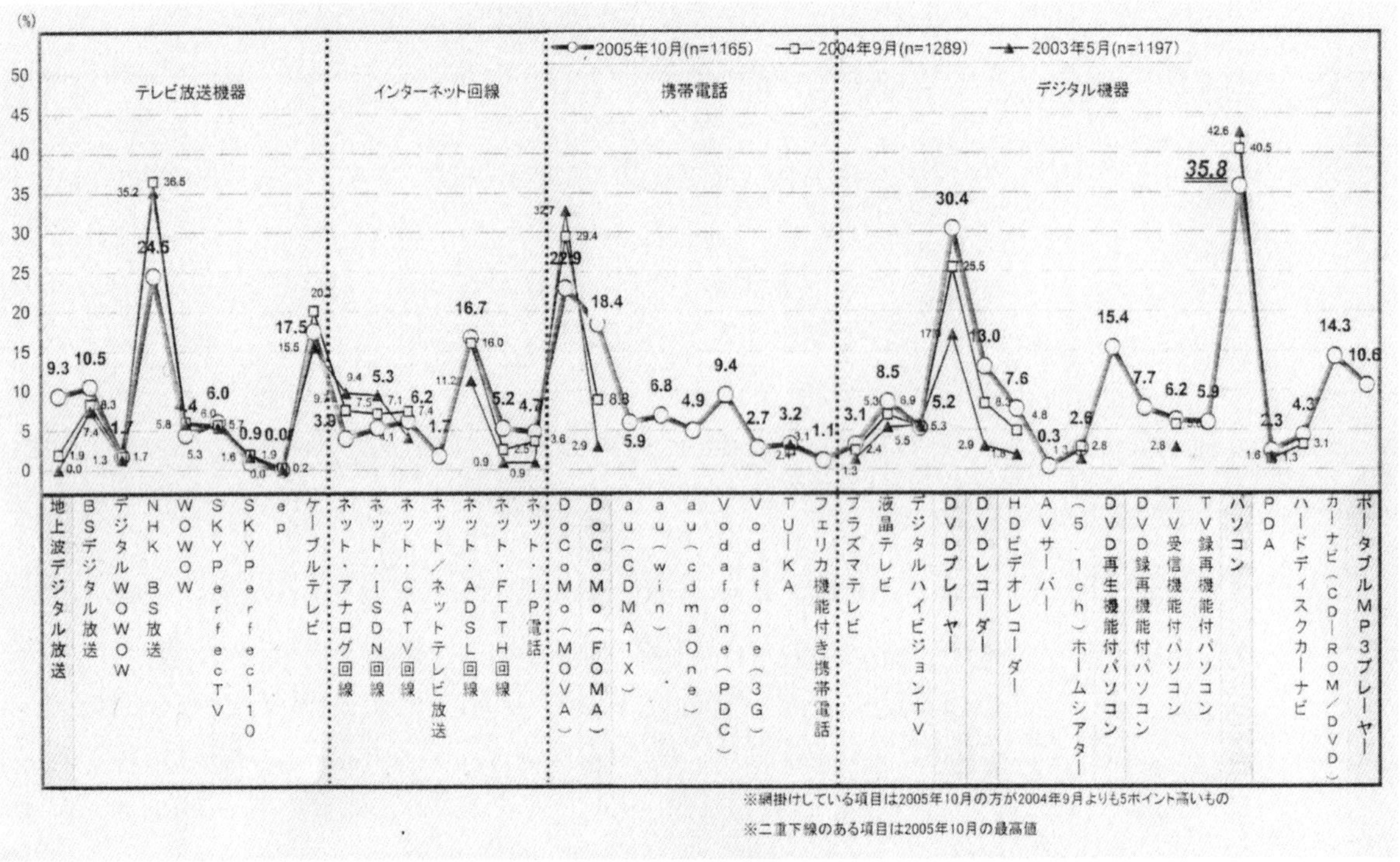

図09 『デジタル機器普及実態調査 2003～2005』
(——現在持っている・利用しているもの(全体)、(社)日本広告主協会実施)

回答率が著しく低い一方で、ケータイについてははっきり自分の所有機種が認識されていることがわかります。この数値は別の調査（例えば総務省の『通信利用動向調査』）結果にかなり近いリーズナブルなデータです。理由はいろいろ考えられますが、家庭に引かれた回線の存在が意識から消えているのは確かです。

テレビについては「地上デジタル放送」の登場がインパクトをもって受け入れられています。それに対して、「衛星」放送の利用数値は（実際には利用者は減っていないにもかかわらず）減少がみられます。もしかすると、衛星やケーブルなどで複雑になっていた伝送路イメージの単純化、汎用端末によるワンストップ（接触点の集約）化への欲求がここには表れているのかもしれません。

さらに注目すべきは「メディアを持ち運ぶ傾向」が一般化しつつあることです。二〇〇五年段階の数値では、テレビ番組のデジタル録画媒体はＨＤＤよりもＤＶＤが支持されていました。もしこの調査が継続されていたら、iPod等の普及などによってさらに「持ち運び媒体」化の進行が結果に表れたかもしれません。

この三つの局面を横断する機器こそが「ケータイ」です。「ケータイ」ユーザーは、家庭回線と違って、高品質化を志向するには機器を意識して買い替える必要性があるために、〝自分がどのような環境にあるか〟をかなり正確に知っています。さらに「ケータイ」は、おそらく「テレビ」を従属的位置に引き下げた初めての機器であるといえるでしょう。「地デジ」になって実現した「テレビ」

が、丸ごと手のひらに入って「持ち運ばれる」という出来事は、かなり大きな意味をもった変化であるといえます。

ここ数年のデジタル機器普及のトレンドは、「家庭」という親密な空間に重ね合わせて生成されてきた、かつてのテレビの「メディア圏」の解消と対応しています。こうした空間の喪失の代わりに、私たちは手のひらでまなざしを折り返し、「身体」への密着の中に入り込むという方向に向かっています。そこではまるで〝他者との出会いを媒介する意識的なつながり〟を排除しようとする欲求が、「家庭」「世帯」の機能低下と重なりあって働いているように見えます。

このことをフロイト＝スティグレール的に解釈するとどうなるでしょうか。「欲動」は「対象」を得ることによって「欲望」になるわけですが、ケータイのように、視覚的というよりも触覚的に対象に向き合う機器の場合は、アプリオリに（先験的に）一体となりたい「欲望」がその需要を支えているように思います。そうした「身体的」な「安定」を直接的に求める感覚には、「欲動」レベルのままの〝前欲望的な未成熟さ〟を感じずにはいられません。

テレビの配置の空間的反転

デジタル機器が普及していく一方で、テレビに代表される「二〇世紀型」メディアがその中に取り込まれていくという流れは、各々のメディアの空間的位相が大きく変化しつつあることを示しています。これまでは、新聞、ラジオ、テレビといったそれぞれのメディアが、各々「異なるかたち」をもった機器ないしは媒体に分かれて私たちとの接触点を構築し、それを基点にそれぞれの「メディア圏」を形成してきました。しかし今、あらゆるメディアの基本機能が「デジタル技術」という共通基盤の上に再構築させられている様子を見ると、もはや、各々のメディアに起こっている出来事は個別に語ることはできないこと、つまりメディアの「輪郭」の溶解が始まっているのが分かります。

ケータイの中には、今やテレビだけではなく、ラジオも、そしてWebサイトやメールの形式を介して新聞の機能も収納されています。さらに言えば「マス・メディア」的ではない、カメラ、ビデオ、ミュージックプレーヤー、ゲームなどのさまざまなパーソナルな機能も――どちらかといえば「マス・メディア機能」に先行して、この中に組み込まれています。

この機器は、そもそもは電話、すなわち一対一のコミュニケーションを媒介するためのものでした。電話の亜種として生まれた「携帯電話」ですが、しかし次第に「電話」機能に特化した機器ではなく、さまざまなコミュニケーションや情報処理モードを包み込む「ケータイ」という「器」に変化して行きます。〝持ち運ぶことができる〟というベネフィットが「ケータイ」という名をもって、まずこれがいったい何モノであるかを表し、その特性を前景化させてきたこと。この出来事は「われわれ」と情報環境との関係を考える上で大きな意味をもっています。

そもそも私たちは、この機器の実態がコンピュータだということを、普段はすっかり忘れています。たとえばこの中に収納される「ワンセグ★58」なるテレビ機能を考えると、このことの重大さに気がつきます。要するにかつては「社会の窓」、つまり〝あちら側の社会の情報をこちら側に媒介する〟、世界に開けたインターフェイスの位置にあったはずのテレビが、コンピュータのプログラムの一つとして内蔵され、さらにそれが人間の手のひらの中に「内蔵」されてしまうという入れ子状況が起こっているのです。それはまさに〝外から内〟に向けた空間序列を成すメディアの配置が、反転したものといえましょう。

この反転は、テレビとケータイとの間だけに起こっているわけではありません。「地デジ」を支えるもう一つの新端末、「薄型大画面モニター」についても同じことが言えます。このモニターは家庭空間における私たちとテレビとの関係構図を書きかえる機能を果たしていたのです。しかも極めて「さりげなく」。

その「書きかえ」は三つの点から指摘することができます。ひとつは、既に『デジタル機器普及動向調査』の結果にも表れていたワンストップ化への欲求が、これによって実現するという点。〝衛星やケーブルだけでなくインターネットにもアクセス可能〟、すなわち一端末で異なる幾つものコミュニケーション・

★58 ワンセグ
地上デジタル放送の帯域を分割した一三セグメントのうちのひとつを用いて、携帯端末向けの強階層(ノイズやマルチパスに強い変調方式)を使って行う簡易動画放送。二〇〇六年四月に放送開始。放送から通信領域への誘導を行う新しいサービスが特徴。

モードを扱いうるという汎用的性格は、実は液晶大画面モニターとケータイに共通するものだと言えます。

さらに、高精細度な画像、5・1サラウンドの音質に支えられた「大画面」は、広告のキャッチコピーにとどまらず、実質的に〝家庭を「シアター」に変えた〟といえます。このインターフェイスと向き合うとき、私たちはそこが日常生活を過ごす「家庭」とは異なる空間感覚に包まれることを物理的に実感します。それはまさしく「家庭」にいながらにして「家庭」を忘れることを可能にするヴァーチャル・リアリティ装置であるといえるでしょう。この感覚は、この機器の形状がフラットであるということにも関係しています。箱形だったかつてのテレビ・モニターは、部屋の隅に斜めに置かれるケースが多く、このことがテレビに対するさまざまな角度からの視聴や、一瞥的な眼差しを許容し、何かほかの行為をし「ながら」でも可能な視聴形態を作り出してきました。それに対してフラットな大画面は、壁に接するように配置され、そのことによって箱形に比べると視聴しにくい角度、いわゆる「死角」が部屋の中に生まれやすくなります。そこから自然とテレビへの正対・凝視を誘う、新たな「専念視聴」への可能性につながるという推論は、あながちこじつけでもないようにも思います。いずれにしてもこの新しいモニターを介した視聴のかたちには、リアルな空間から離れた映像や音声に対する没入を促す可能性が内包されています。この点も、ケータイの機能特性と通底しています。

最後に、今後ますます広がっていくであろうHDD録画によるタイムシフト視聴——いわゆる「録ってから見る」視聴スタイル。さらに、録画した番組をどれだけの回数コピー可能にするかについて多くの議論が交わされましたが、そこには先に述べたような、番組の「持ち出し」志向がどのようなものかがはっきり表れたといえます。二〇〇七年八月に総務省情報通信審議会が提案し、二〇〇八年六月には施行される「ダビング10★59」という新制度によって、かつての「コピーワンス」（一回）からなんとコピー九回＋ムーブ（元にデータが残らない移動）一回の一〇回へと大幅に緩和されることになりました。この回数の根拠としては、〝番組をHDDに一旦録画し、その後、家族三人がそれぞれ「DVD」「携帯プレーヤー」「ゲーム機」などにコピーする——三人×三種で九回のコピー＋ムーブ一回で計一〇回〟という計算がなされているといいます。デジタル録画がもたらす「シフト」は、どうやら「タイム（時間）」だけでなく「スペース（空間）」にまで広がることが、既に想定されているのです。

これらの機能転化から、薄型大画面モニターでもテレビの位置は、ケータイと同様にコンピュータが内蔵する一機能に転落していることがわかります。但し、ケータイとの違いも同時に確認することができます。ケータイでは「身体的一体感」が諸機能を包括しているのに対し薄型大画面モニターの場合は、

★59　ダビング10
デジタル放送の私的利用に関するそれまでの「コピーワンス」（コンテンツ権利保護対策として、一回だけコピー可能なように制御信号によりコントロールする仕組み）に代わって導入される新しい運用ルール。二〇〇七年一二月二〇日に正式に公表された。デジタル放送推進協会によれば、地デジ放送では二〇〇八年六月二日午前四時からダビング10に対応した放送が運用される。

「ヴァーチャリティ」が同じ役目を果たしているのです。しかしこの「一体感」と「ヴァーチャリティ」は、ともにその端末へのコンタクトを繰り返す中で、その物質的存在感が消去されるという点において、やはり共通する感覚基盤に支えられているといえます。いずれにしても、こうして「地上デジタル放送」の将来を支える二大端末の視聴形態から、物理的な時間・空間性がはぎ取られる方向に進んでいることには驚かされます。

パソコンの黄昏

さらに『デジタル機器普及動向調査』の結果からは、ケータイと薄型大画面モニターの躍進の一方で、かつてデジタル技術の普及イメージを一気に担ってきた「パソコン」の黄昏が迫っていることを読み取ることができます。

一九九〇年代、マイクロソフトの戦略とともに急速に「家庭」への浸透が図られたパソコンには、当然のように、君臨するテレビジョンの後継を担う機器としての期待がかけられました。機器の性能および通信環境が向上していくにつれ、パソコンがAV（視聴覚コンテンツ）録画・再生機能を担うという「予測図」が描かれ、パソコンでテレビを見る、ないしはパソコン自体がかつてのテレビのように「家族」のコミュニケーションを支える基幹メディアに位置づけられるというシナリオが、とりわけ家電メーカー（日立、松下など）のコマーシャルなどに現れたことは記憶に新しいところです。

しかし、どうやらこのシナリオは予測されたとおりには進まなかったようです。確かに機器や通信のパフォーマンスは上がり、パソコンはＡＶ機能を十分に発揮するようになりました。しかしパソコンは「YouTube」や「ニコニコ動画」などのムービーファイルを見るものにはなっても、テレビを見るものとして定着していません。一時期（二〇〇一〜二〇〇三年ごろ）は、ブロードバンドの普及により「家庭」への普及が進み、リビングとその主である女性たちによって、家庭内コミュニケーションの中に組み込まれる兆しも見られました★60。しかしその傾向はやがて頭打ちとなり、今日では一〇代〜二〇代の若年層を中心に「ケータイで十分」との意識が広がっています。もはや〝家庭ではパソコンは見捨てられつつある〟と危惧される状況が真実味をもちはじめているのです。

既に見てきたように、総務省の統計ではパソコンは、テレビや新聞並の普及率に到達しないまま停滞しています。それに加え「デジタル機器普及動向調査」では、ＴＶ受信・録画、ＤＶＤ再生・録画付のパソコンの利用もさほど進んでいないことが確認されています。とりわけ、ＴＶの受信機能は、かつてあれだけＣＭで訴求された割には、利用が伸びていません。

そもそも、パソコンのセールスポイントは、「多機能性」に置かれていまし

★60　独立法人通信総合研究所『インターネットの利用動向に関する実態調査報告書2003』（インターネットに使うパソコンの所有状況）
この調査によると「家庭に設置されたパソコンの用途は——自分専用：三一・七％　他の家族との共用：六七・七％、無回答：〇・六％」「インターネットに使うパソコンの設置場所は——家族全員が使える部屋（リビングや居間など）：六〇・五％　自分の部屋（個室）：二六・九％」となっている。

た。確かにそれは、目的意識が明確で主体的な情報選択意欲がある、例えばマネジメント系ビジネスマンには魅力的なベネフィットといえます。しかし、もともと日常生活の中で情報処理に対する積極的なニーズを持たない一般の人々にとってはどうでしょうか。これは九〇年代中盤のパソコンの市場導入期から、担当するマーケッターにとっての大きな悩みでした。もともとパソコンは、テレビと違って「事務機」として企業から普及の輪が広がっていったものです。パソコンをテレビの後継機として位置づけようという目論見は、どうもそのあたりでボタンを掛け違ってしまったようにも思えます。

ケータイも、HDD録画機能を搭載した薄型大画面モニターも、パソコンと同様、中身はコンピュータであることは変わりありません。では何が違ったのでしょうか。それは一言でいえば、利用者とのコンタクトのかたち——人間との距離やインターフェイスの違いがあったということになるでしょう。ケータイは手に包み込まれることによって、また大画面モニターはAV的にヴァーチャル空間を作ることによって、人間との関係をスティッキー（sticky：くっついて離れない状態）にします。この「一体感」を、パソコンは機能的には備えていません。むしろこの機器に対して前のめりで向き合う一部の人以外には、〝よそよそしさ〟すら与えてしまう出で立ちであったといえます。

コンピュータ開発の歴史を振り返ると、その黎明期から「マン・マシン・インターフェイス」の問題は最重要課題のひとつであり、直観性を備えたGUI（グラフィカル・ユーザー・インターフェイス）やマウスなどのさまざまなアイディアが、順次実装されてきました。しかし、結局パソコンは「事務機」的な距離（三〇センチ）を変えずに今日に至っています。この「距離感」が、（一部の没入ができる人を除いて）パソコンと「われわれ」の関係を「理性的」なレベルにとどめているのかもしれません。

但し、この距離感を乗り越えることに成功しつつあるブランドもあります。それがアップルです。しかし今やアップルの主力商品はパソコンというよりもiPodであり、また二〇〇七年はiPhoneの発表で世界中の注目を集めました。アップルがケータイを作ることには、マイクロソフトがゲーム機を売り出すのとは違って明確な必然性があります。マッキントッシュからiPodまで、常に人々の直感的なクリエイティビティを刺激することをメイン・コンセプトにしてきた製品ラインナップ——その核心が「インターフェイス」にあります。

iPhoneはモニター画面をワイド化し、操作ボタンを表面から消しました。従来の日本型ケータイに慣れた人々は、おそらく最初は戸惑うでしょうが、しかし、指を滑らかにスライドさせる操作感は、初めてマックに出会った感覚を思い出させるもので、これにはiPodのインターフェイスにも通じる「触りたくなる欲望」を刺激する何かがあります。

アップルは二〇〇七年、iPhoneの発表とともに、ついに社名から「コンピュータ」の文字を外しました。この象徴的な出来事こそが、現代におけるコンピュータのステイタスの変化を表しているといえます。但し、アップルはコンピュータを見捨てたのではなく、「触りたくなる欲望」を刺激するインターフェイスの統一感のもとに、端末をネットワークさせ、その中の一つのターミナルとしてパソコン（マック）を位置づける戦略に出たのです。パソコン市場全体の停滞感の中でのアップルの健闘とは、「ケータイ」をはじめとする〝手のひらメディア〟と大画面が実現するAV的「刺激」と共通する文脈にある現象であるといえるでしょう。

選択とメタ選択

ここで再び「テレビ」を中心とした話に戻りたいと思います。デジタル化がテレビをどう変えつつあるのかは、おそらく〝テレビが中心となったメディア圏ではなく、別のメディア圏に下位概念として取り込まれ始めた〟という理解のもとに整理されるでしょう。しかしそこから議論を進めていく上で、実はやっかいな問題があります。それは、その上位概念を成すメディアが「見えない」ということにつきます。その引き金を引いたのは「デジタル技術」であることは間違いありません。しかし、デジタル技術そのものは、特定のかたちをもったメディアに集約されるわけではありません。しかもそれは、ケータイや大画面モニターに代表されるように、身体やヴァーチャリティといった「不可視」な感覚基盤と結びつく傾向にあります。

新しい「テレビ」の姿の掴みにくさは、端的に言えば、〝テレビ番組はテレビ・モニターで見る〟というメッセージ・タイプとコンタクト・ポイントの一対一対応が自明ではなくなり、受信するデバイスが多様化したことに現れています。こうなると少なくとも「テレビ」ということばそれ自体の意味の変化を避けることはできません。

これまで私たちは「テレビ」ということばで、その番組(「テレビ」を見る)、それを映し出すモニター(「テレビ」を買う、「テレビ」を点ける)、さらにはその産業システムやそれこそ「メディア圏」を総称する意味まで表してきました。こうしたことが可能だったのも、「テレビ」という存在の「総体性」「包括性」によって、その「意味」が排他的に守られてきたことの証しだといえます。この章の前半で取り上げた『日本人とテレビ』調査の問いに戻ると、テレビが「選択性」という概念と、どうも対極のイメージを持たれているのは、一般の商品とか、他のメディアで問題になる「選択性」とレベルが違うところに、テレビのそれ(「選択性」)が機能する次元があったからではないかと思うのです。

実際これまで、テレビでも「選択」が重要でなかったわけではありません。

そもそもテレビ・モニターのスイッチを入れるかどうかは、かなり大事な選択であり、また番組の選択についても、テレビの制作者が視聴率の数字にこれほどまでに縛られてきたことからわかるように〝業界人としての生死を争う〟ほどの行為だったわけです。しかし視聴者にとってはそれほどの切迫感はなかった。この非対称性が、「選択」ということばとの距離感になって現れていたのです。

言い方を変えるならば、これまでのテレビのメディア圏においては、こうした「選択」に伴う負荷を減らすような「選択肢」が与えられていたのです。つまり、〝このメディア圏の中で思考し、行動することを承認する〟という大きな選択を一度しさえすれば、その後その負荷を意識しなくてすむという「楽さ」を与えてもらえる——常にテレビ的情報を排出してくれるモニターは家庭という安寧な秩序の中にあり、接続も簡単、時間軸によって編成されたおよそ七つ（NHK二波＋民放五波）の選択肢の中から選べばよい——という環境の中で「選択」の厳しさを意識せずに暮らすことができます。しかし今や私たちには、こうした安息性はは く奪されつつあります。デジタル技術の普及によって、機器環境的に言えば、番組を見る端末モニターを意識するといった「選択」をイチから行わねばならない状況においこまれ始めているといえるでしょう。

さらに言えば私たちは、かつて一度はその大きな選択をしたことすら忘れています。一九五三年に始まった日本のテレビ放送は、そのおよそ一〇年後にはラジオの普及率を超え、その理想である「遍く普及」した状態に接近します。今日のデジタル・メディアのドッグイヤー的スピードを上回るこの速さは、単にその利便性が主体的に受容されたものだというだけでは説明できません。それは既に、戦後日本の「家族」を起点に構築される「世界」イメージの広がりと二人三脚で進んできたことを、吉見俊哉や飯田崇雄らの研究を手掛かりに見てきましたが、私たちはこうして結局「選択」の負荷をテレビとともに最小限に抑えること——すなわち「メタ選択」に成功してきたのです。

では私たちは本当に今、こんなに「楽な」テレビを見捨て、インターネットをはじめとする新しいメディア環境に移ろうとしているのでしょうか。もしそうだとするならば、それはなぜなのでしょうか。この再び訪れた大きな選択期の理由を、どのように捉えたらいいのでしょうか。

ざっと考えただけでも三つほど思い当たります。

(1)テレビの技術的進化は、この「楽さ」というベネフィットとは別の方向に進んでしまっていた。

(2)テレビと二人三脚で進んできた、かつての秩序ある「世界」イメージの自明性が崩れた。

(3)そして(1)(2)によって軋み始めたかつての「メタ選択」環境よりも、新しく現れたメディア環境の「楽さ」がさまざまな点で優っていると人々が判断しはじめた。

八〇年代以降、衛星やケーブルテレビのスタートとともにテレビの仕組みが複雑化の一途をたどってきたことについては既に述べました。しかしその時期は、それが「素晴らしいこと」であるように私たちには思えたのです。スーパーの店頭に商品がたくさん並ぶように、視聴すべき局や番組の選択肢が増えることは、経済的成長期の社会が目指す「豊かさ」のイメージと重なったものといえましょう。しかしこの幻想はバブル崩壊とともに潰えます。

また、テレビは自らの「メディア圏」の構築を進めていくに従って、パレオTVからネオTVへと変質していき、送り手と受け手の時空間の重ねあわせを広げていきました。このことが逆に、自身の「メディア圏」を下支えしてきた「家庭」と「国民的時間」というテレビ外部への参照性の喪失につながってしまったことも、「軋み」を生んだ原因ともいえます。こうしてみると、テレビは自らの手でその「メディア圏」を崩していったということも言えそうです。

それでも、いくら新しいメディア圏が優れて見えるとしても、そこへのシフトは、それこそ計り知れない負荷がかかる大きな選択のはずです。私たちは、普通の状態ではそうしたことは〝敢えて行いません〟。新たな「メタ選択」が「さりげない」「自然な」流れとして先取りされ、その結果、かつての既存の時空間的秩序に従った「番組選択」よりも、そうした秩序から切り離された「コンテンツ」としての選択の方が、「楽に」思えるようにならないかぎり、そちらに移るようなことは、私たちは行わないはずです。

この「メディア圏」の移行の条件について、いくつか仮説を挙げてみましょう。

(i) 既存秩序と切り離された「選択」が「楽に」見えるためには、「選択」をするための参照軸が〝外部にない〟、もしくは〝外部参照が必要ない〟状況が作り上げられる必要がある。つまり「ケータイ」に現れた身体との一体化、「大画面」が生んだヴァーチャル性など、他者との出会いを免除される環境の構築が、こうした「選択」における負荷の軽減に見えるようになった。

(ii) しかもそうした環境の構築は、新しいメディア側によって与えられるというよりは、テレビ的なメディア・コンタクトのスタイルが発展していく中で産み出され、育ったものである。たとえばネオＴＶ的な、テレビのテレビによるテレビのための自己言及的世界は、かつてのテレビ的「メディア圏」から、新しい「メディア圏」への「楽な」移行を支える前提を作り上げてきた。要するにテレビは今日、デジタル化の脅威に晒されているのではなく、テレビ自らがデジタル化を呼び込む流れを作り上げてきたのだ。

(iii) そうは言っても、「選択」を行う以上は、それを支える何らかの仕組みが必要である。デジタル・メディア機器がネットワークしていく中で、情報の流れを制御する秩序原理がようやく完成の域に達するようになってきた――それの一つが「検索」であり、それを成り立たせる環境（新しいメディア圏）こそが、今日「Web2.0」の名で呼ばれているものなのである。

社会的に構成された時空間秩序に従って選択すべき「番組」を捨て、「コンテンツ」としてそれを消費することを「選ぶ」ということは、その「選択」の複雑さが、複雑に見えないという認識の反転が起こっていることを意味しています。このことは、フロイト的にいうならば、それは「現実原則」と「快感原則」の間の緊張関係★61——自我がどちらにより接近していくかという問題として議論することもできそうです。つまり複雑性を縮減する社会的・象徴的秩序よりも、私的・想像的快感に接近していく力が、「番組」から「コンテンツ」へという流れの中に働いているといえます。この「私性」の前景化あたりに、全ての人がマーケッターとして振舞うことの自明化との親和性をも、また読み取ることができます。

「選択」を支える「記憶」

選択の負担を軽減する「メタ選択」の問題や、「選択肢」を支える枠組み、さらには複雑で主体的に処理されねばならない選択が感覚的に乗り越えられてしまう今日の状況などを考えていくと、「選択」という行為が、メディア・コ

★61 現実原則、快感原則
フロイトによれば、精神は現実原則と快感原則という二つの原則に従っているとされる。前者は、本能の満足を現実に適応するように馴らせていく過程であり、後者は不快を回避し，空想または現実の満足によってその緊張を低下させることによって快を得ようとする。現実原則が支配的な心の確立が成人の健康人の条件であり，快楽原則の支配する型の遺残や再燃は神経症や精神病を意味すると言われるが、一般には、これらのバランスによって「心を安定に保つ」恒常原則を支える二つの概念と考えたほうがよい。フロイト『自我論集』（一九九六、ちくま学芸文庫、中山元訳）参照。

ンタクトの重要な局面を担っていることが見えてきました。ではそもそも「選択」とは何なのでしょうか。いったい「選択」ということばとともに、「われわれ」は何をしているのでしょうか。

社会学、心理学などの領域では「選択」の理論化の試みが、これまでもさまざまになされてきました。グラッサーの「選択理論」心理学や、政治行動や経済行為の説明理論として用いられる「集合的選択理論」などが、こうした領域ではよく取り上げられます★62。しかしこれらはいずれも「選択」そのものがいかなる行為かについての探求ではなく、その効用に注目したもので、どちらかといえば「選択」ということばの日常語的意味である「主体性」とか「合理性」を自明なものとしている傾向が見られます——それでは、テレビやメディア・コンタクトに関わる「選択行為」を説明することが困難です。

この困難を乗り越えるためには、「選択」を認識行為の一範疇として、より根源的な意味を考えるべきではないかと思います。カントによれば「選択」は、自由な判断を支える「知性の論理的活動」の一局面であり、それを可能にする選択肢とは、認識のプロセスの中で設けられた世界の仮設的な構成を確認していくための階梯であると定義されます。こうした判断は、「主体的」かつ「創造的」な人間的思考過程の一部を成すものと位置づけられますが、あくまで過程的に現れるこうしたステップそれ自体は、偶然的で、非合理的なものも含みます（カ

★62　選択の理論
グラッサーの「選択理論」心理学とは、従来の心理学で主流であった「外的コントロール理論」（外部の人や環境からの刺激に対しての反応を中心に考える）に対し、自らの内的選択つまり「内的コントロール」を重視している（W・グラッサー『グラッサー博士の選択理論——幸せな人間関係を築くために』二〇〇三、アチーブメント出版、柿谷正期訳、参照）。集合的選択理論は、ジャン＝シャルル・ド・ボルダ、コンドルセなどを先駆とした、個人の選好から出発して集団的な決定を下す実際の過程と、そのルールや方法を扱うものである。（アマルティア・セン『集合的選択と社会的厚生』二〇〇〇、勁草書房、志田基与師監訳など参照）

ント『判断力批判』★63）。つまりそれは人間以外の生物の行為にも開かれており、言い換えれば〝世界の中で生きる自分〟の位置を知るための契機として「選択」は位置づけられるわけです。

認識とは、別のことばに言い換えるならば「わかること」であるといえましょう。「わかること」とは、「理解する」ことだけに回収されるものではなく、「理解しなくて済む」こと（「流行語」などに反応する心理も、そのひとつ）、「ひらめき」や「イメージ」、「印象」などを含めた、「わかった」気になる感覚も含む意味の広さをもっています。つまり、〝認識を得た〟とはすべてが分節化されたとは限らない、曖昧な状態である場合もあるわけです。敢えて言い換えれば、「安心して」その場、その環境にいる保証が与えられる知覚状態を得ること、とでもなるでしょうか。

但し、「選択」は瞬間的に行われることであるが故に、空間的な判断であるといえます。つまり「選択肢」は同時的に与えられる必要があり、「選択する」とは、その「選択肢」が並列的に、全体に対する部分を成していることを察知し、その集合の中から、部分を抽出することを通じて、全体の「イメージ（わかること）」に近づく行為なのです。そうなると、この「選択」を行うためには一定の能力が必要であることがわかります。これには瞬間的なだけに、大変なコスト（負荷）がかかります。その負荷は、情報処理的な意味での計算量的負担

★63　E・カント『判断力批判（上・下）』（一九六四、岩波文庫、篠田英雄訳）『純粋理性批判』『実践理性批判』につづく第三批判。カントにおいて判断力は、悟性と理性の中間能力とされており、その意味からも合目的性と合法則性の橋渡し――すなわち今日でいう「メディア」に向き合う主体による環境認識の理論として援用可能な「原理」と考えることができるのではないか。

であり、だからこそここでは情報のコストが縮減された「秩序」が手助けをすることになるのです。

「選択」的判断を助ける外的な参照軸が「秩序」であるとするならば、内面的にそのプロセスを支えるものが「記憶（メモリー）」という情報の蓄積態であるといえましょう。時間の経過は、それ自体が情報そのものであります。勝手に膨大になっていく「過去」をどのように扱っていくか――それこそが人間が、自らが生きる環境を認識し、生きていく空間を創造していく上で重要な「技術」であった――スティグレールが「記憶」こそが「技術」であるという意味は、こうした点からも理解できます。

「選択」が空間的な認識行為であるとするならば、「記憶」は時間的な認識行為であり、ゆえに相互補完的であるといえます。「記憶」が「選択」を支えるように、一つひとつの選択行為が、一人ひとりの「記憶」を積み上げていくのです。ついでに言えば、この「選択」と「記憶」が交差する点が「いま・ここ」（現存在）であるということができます。

「記憶」は、あくまで内面的なものにすぎません。しかしそれは、社会的・集合的に組織されることが可能です。その集合的記憶の生成に寄与するものこそが「メディア」である――これこそが、キリスト教の分析からMO＝OMといった「メディア圏」の構造を見出した、ドブレの慧眼でした。そしてその記憶の組織化が、公式に〝書かれたもの〟の地位を得た時、それは「歴史」となり、外的に「選択」を助ける「秩序」となるのです。ですから「政治（ポリティクス）」とは、すべからく「歴史認識」をめぐる「記憶」の抗争とならざるを得ないのです。

しかし、そこで「記憶」が外的な秩序化を拒否したならば、どうなるのでしょうか——今日、私たちがデジタル化とともに直面している「メディア圏」の移行とは、そのような事態なのではないかと思います。そもそも「記憶」は情報の蓄積であるとともに、それを処理していくための「技術（テクネー）」であるわけで、その点から、語弊を恐れずに言えば「純粋記憶技術」たるデジタル機器との親和性は極めて高いことは、容易に推測することが可能です。さらに進んで、コンピュータのインターフェイスが、二次元平面上に秩序をもってデザインされたGUIから、穴があいただけの「検索ボックス」に主役を譲りつつある今日の状況は、「歴史化」を拒否する「記憶」を、どのようにして「選択」「判断」に動員するかという難問に対して提出された、「デジタル的な」一つの答えのように思えるのです。

テレビは「記憶」にどう向き合ってきたか

テレビは、言うまでもなく二〇世紀後半の「われわれ」の「認識環境」それ自体をつくりあげてきました。そして「認識」行為を空間的に切り取ったところに現れる「選択」に関しては、テレビはその負荷を軽減する「メタ選択」を、時代の欲求に寄り添いながら「さりげなく」進めてきたといえます。では「記憶」については、どうでしょうか。

「記憶」は「過去」という時間が「現在」によってつなぎとめられる楔であるといえます。つまり「記憶」の本質は〝思い出されること〟、言い換えれば「想起」されることにあるわけです。単に情報として蓄積されるだけで、思い返されない過去の出来事は意味をもちません。「記憶」は、現在において「想起」されることによって初めて顕勢化する「可能態」として、まずは存在しているのです。

このような働きは、技術との高い親和性を受け入れます。「想起」のかたち、パターンを技術が肩代わりすることによって、現在は過去との安定的な関係を築く――これが「記録」です。「記録」という姿に「記憶」が凝固することによって、「想起」は「選択的判断」を、そして現在の状況認識を助ける行為として機能します。

メディアが「記憶」を集合的に表象するのは、それがその時々の「選択的判断」の社会性、客観性と関わっているからです。たとえば、かつてのテレビの世界において特権的な地位を持つものとして語られてきた「ドキュメンタリー」というジャンル名も、一般にはこの意味で理解されてきました。テレビ以前のメディアでは、写真や映画に課せられた、証拠資料としての役割がこれにあたります。「ドキュメンタリー」に客観性や確からしさを要求する議論は、この点に根ざしているといえます。

しかし、「いま・ここ」を作り出すメディアであるテレビにとっての「ドキュメンタリー」は、それだけの意味に収まるものではありません。「記録」が「想起」を促し、「再認」の対象となるとき、それはその内容の間違いのなさよりも、いかに記憶をよみがえらせることができるかという機能の側面が優先される場合があります。また時にそれは、意図的に過去の出来事を「再構成」することすらあります。つまり「テレビ・ドキュメンタリー」は単なる「記録」であるというよりも、「過去」を浮かび上がらせ、改めて「現在」においてそれを「想起」し、再び意味を与えるための対象として、つくりあげられた表現制作物であるといえます。このことは、NHKプロデューサーの桜井均が『テレビは戦争をどう描いてきたか』やその他の著作を通じて、〝テレビ・ドキュメンタリーとは「認識の道具」である〟と主張したことに重なります★64。

するとテレビ映像の課題は、「現在」の認識から、「現実」をいかに認識するかという問いへと広がって行きます。二〇〇一年の「九・一一」の事件は、まさしく「われわれ」に対してこのことを問う契機であったといえます。その後、スラヴォイ・ジジェクが『現実界の砂漠へようこそ!』で問題提起をしたよう

★64 桜井均『テレビは戦争をどう描いてきたか』(二〇〇五、岩波新書) 戦後日本で制作された「戦争」に関するドキュメンタリー番組約七〇本について、自らもドキュメンタリストとして作品それ自体の被構築性や、ありえたかも知れない別の可能性を論及した膨大な作業記録。特に日本人の「記憶」の「閉鎖性」、「他者」への眼差しを遮断した「モノローグ」的表現の指摘は厳しい。ドキュメンタリーとは、自分たちが生きる世界を認識する「道具(ツール)」であるとの指摘は、「まえがき」viiページ参照。

に、テレビはまだ名前すらついていない「出来事」を「認識可能」にするために、さまざまなコンテクストを与える仕事を積み重ねていきます（この場合は、即日大統領によって「テロ」と命名された）★65。思い返してみると、まさにこのとき「われわれ」は、多数の証言と記録映像が「過去」と「現在」を交互に指し示す、その関係性を参照することを通じて、「現在」に対して特定のパラディグム（範列：あてはまりうる名辞群）の中から名づけを行うという、一連の「認識」プロセスに立ち会う体験を、テレビとともにしたわけです★66。

同時進行的につくられる「報道」と、事後的に構成される「ドキュメンタリー」とでは、その組み立てかたが違う部分が多々あります。しかし視聴空間が常に「現在」の日常性の中に釘付けにされているということから、テレビは逃れることはできません。「過去」に関わる「記録」（資料）や、「記憶」（証言）が、「報道」にしても「ドキュメンタリー」にしても、ふんだんに使用されます。しかしそれらは、番組の中においては「過去」そのものではなく、〝過去にはそういうことがあった〟ということを指し示すものとして、「現在」においてそれに意味を与える「インデックス」として機能しているのです。

このように考えると、日本のテレビ・ドキュメンタリーの中で、「戦争・紛争」を主題とした番組が、特別な扱いをされてきたことの理由がよくわかります。テレビは戦後日本の精神史を映し出してきました。故にその基点を成す「ア

★65　S・ジジェク『テロルと戦争――〈現実界〉の砂漠へようこそ！』（二〇〇三、青土社、長原豊訳）

二〇〇一年九月一一日の同時多発テロ事件の直後（九月一五日）にWeb上で発表された小論（http://web.mit.edu/cms/reconstructions/interpretations/desertreal.html　他、日本では『現代思想』二〇〇一年一〇月臨時増刊に村山敏勝訳で収められている）に、加筆されたもの。スローターダイクの「球域」概念を用いて、安全性を希求する人々が見る幻想と現実の関係を問う。

★66　パラディグム、サンタグム（Paradigm, Syntagm）

ソシュールの用語。パラディグムとは等価性によって特徴づけられる置換可能な記号同士の「連合関係」であり、サンタグムとは記号同士が線条的な近接性によって特徴づけられる「結合関係」である。日本語では、「範列」と「連辞（または統辞）」として訳されるが、この組み合わせによって意味表現の構造が作られると考えられている。

ジア太平洋戦争」という「過去」の、その時々の「現在」における認識論的意味を問うことは、テレビにとっては避けがたい重要な仕事であるといえます。

二〇〇五年は、その「戦争」が終わってちょうど六〇年目の年でした。この時テレビは、NHKも民間放送も足並みを揃えて、多くの番組で「戦争の記憶」の「枯渇」の危機と、「継承」の必要性を訴えました。その危機意識のためか、実際にこの年（特に八月）は例年にない本数の戦争関連番組が制作・放送されました。単に「記憶」の継承を訴えるだけでなく、実際に何が起こったのか「検証」する番組や、その「記憶」を背景に「現在」の切迫する東アジア関係を議論する番組など、そのテーマの幅や、バラエティに富んだジャンル、手法が用いられたという点でも、特筆すべき年だったといえます。

桜井均の過去のテレビ・ドキュメンタリーの分析や、坪井秀人の『戦争の記憶をさかのぼる』などの著作から★67、私たちは、日本人の「かの戦争の記憶」との向き合い方は必ずしも直線的ではなく、「出来事から時間的に近い方が、記憶が潤沢である」といった単純なものではないことを知ることができます。むしろ「思い出したくない」「思い出せない」という自問自答に閉じたモノローグ的な時期から、徐々に「想起」すべき対象を「記録」の中に振り返ることが可能になる戦後を歩んできたという、「記憶」そのものとの対峙の変遷をテレビの歴史に見ることができます。

★67　坪井秀人『戦争の記憶をさかのぼる』（二〇〇五、ちくま新書）文学、新聞記事を中心に、アジア太平洋戦争はどのように記憶され忘却されてきたかを考える。特に、戦後六〇年を起点に、一〇年ごとの八月一五日の新聞記事やその当時の主たる言説を追う第三章の分析は迫力がある。

坪井秀人の指摘によると、今日のように「戦争」を振り返るべき対象として向き合うようができるようになったのは、戦後四〇年たってからであるといいます。そのように考えると、二〇〇五年、実際に戦争の記憶をもつ人がきわめて少なくなってきたことと対称を成すように、「危機感」が煽られた理由をさまざまな角度から考えることができます。まさに六〇年は「想起すべき」タイミングであったわけです。

テレビと開かれた歴史解釈

「戦争ドキュメンタリー」は、六〇年が過ぎた今、切実に「記憶」の枯渇への焦燥感を表し、「記憶の伝承」を訴えます。しかしそれは強調しすぎると、伝承されるべきものとは何かという、重要な問題を置き去りにしてしまいます。またその焦りが過剰になると、さまざまな映像技術と演出(CGや再現映像)を駆使して「記録」を濫造するという結果を招いてしまいます。すると絞り込まれた「記録」と「記憶」の交点へ、視聴者のまなざしを誘う余裕はなくなり、「つくりこまれた記録」と「空洞化した記憶」との強引な結びつけや「饒舌な証言」が播き散らかされ、情報のインフレーションが発生するといった事態になります——二〇〇五年度のいくつかの「特番」には、こうした特徴が見られました。

しかし、この時期の番組に現れた情報のインフレーションは、テレビ番組を支える「強烈な現在性」の産物であるということもできます。ドキュメンタリーという一つの作品に構成されたさまざまな証言や、再現映像、資料映像は、いずれも「過去」を指し示しはしますが、それを見るほどに、それよりも過去を見る「いま」という時間に拘束される感覚をおぼえます。つまりテレビ・ドキュメンタリーは、視聴する者の「いま」から、「過去」に行っては「現在」に帰る往還のリズムを作り出しているのです。

こうした「過去」と「いま」の関係の中に、構成される番組のシーンは、絶えず「他のシーン」「他の番組」を指し示し続けます。こうした参照関係のネットワークは、番組の内部にも外部にも張り巡らされています。多くの番組では、イントロダクションに本編で使われた映像のダイジェストが挿入されているだけでなく、各所にこれまでに放送された同じ主題をもつ数多の番組や映像作品への言及をとりこんでいます。また本編を構成する映像やモチーフにも、詳細に見ると、その番組オリジナルに撮影されたものばかりではなく、多くのパブリックとなった資料映像や、過去の別の番組で用いられた素材を発見することができます。こうしたことは、番組なるものが作品としては自律してはおらず、さまざまな既に発表された他の番組や、テレビというシステム全体とのネットワーク的な関係性の上に成立するものであることを示しています。

そもそも、今日のテレビの編成の中では、「ドキュメンタリー」はよほどのことがないかぎりゴールデンで放送されることのない、周縁的なジャンルになってしまっています。「記憶」と「想起」、さらにはそれに支えられる多様な意味解釈の「選択」にテレビがどのように関わっているのかという問題の核心に接近する「ドキュメンタリー」というジャンルが、このような「誰が見ているかわからない」状態で制作され、放送され続ける状況に、ある意味〝テレビの「いま」の姿〟が象徴されているとはいえないでしょうか。ここに「現代社会」に意味を与えること自体の困難さや、テレビから新しい「メディア圏」にこの問題をどのように引きついでいくかという厳しいテーマを重ねることもできるように思います。

ポール・リクールは近著『記憶・歴史・忘却』の中で、興味深い指摘をしています★68。歴史が「書かれたもの」であることを前提に考えると、メディアの発達によって、二〇世紀には「歴史の解放」が起こったというのです。「いかなる自我中心主義からも解放された観点」と連携した歴史のために、歴史は「記憶の部分」であることをやめ、記憶が「歴史の部分」となったのである」(一五二頁)——歴史が確たる秩序を成し、記憶の参照点として機能することから退き、数多くの集合的「記憶」からつくられたテレビ的なメディア表象が、かつての歴史が置かれていた「書かれたもの」のポジションに据えられるよう

★68 P・リクール『記憶・歴史・忘却(上、下)』(二〇〇五、新曜社、久米博訳)「不在」を共通項にする人間の「記憶力」と「想像力」の同質性に注目。そこから歴史とは何かを考え、その中における個人と集合的記憶、赦しと忘却の関係を問う。もちろんこうした論及のベースに「アウシュビッツの後に歴史は可能か」という問いがあることはいうまでもない。

になりました。このことによって、集合的記憶と歴史はダイナミックに入れ替わりうる関係に、つまり極めて不安定な関係に入った、ということになります。

戦後六〇年を機に放送された「戦争」を主題とする番組群の中には、制作者による「意図」が前面に出たものが少なくありませんでした。その点だけでいえば、テレビ・ドキュメンタリーは書かれた「歴史」に近づこうとしているように見えます。しかし、映像に収められた「出来事」の偶然性や、作品として「閉じる」ことを許さない素材の参照関係の広がりは、そうした文脈の強制力を解体し、私たちを多様な解釈へといざなう可能性にも開かれています。

しかし、ここにはいくつかのアポリア（難問）が立ちはだかっています。その一つとして、昔から「全てのテレビ番組を見た人は、一人としていない」ということがよく言われてきました。確かにそのとおりで、例にあげた二〇〇五年の戦争関連番組でも、軽く一〇〇本を超えます。もし私たちが普通の生活をおくっていたら、間違いなくその三分の一にも出会うことはないでしょう。

しかも基本的にテレビ番組はフローな性格を有しています。録画技術は日進月歩で進んできましたが、基本的には「流れているもの」を捕まえるには困難さが付きまとっています。それは、地上デジタル放送が叶えつつあるいくつかの「新しい録画スタイル」が導入されても、ＨＤＤには容量の限界があり、また見逃した番組をオンデマンドに提供してくれる「キャッチアップ放送サービス★69」でもその保存期間に限度があることから、根本的な解決にはまだ至りません。それよりも何よりも、最終的には録画をしたものを見る人間の能力の限界が、そこには立ちはだかっています。

しかしもしも、一本の番組の中の閉じた「意図」に拘束されることなく、数多くの番組を横断的に「観る力」が私たちにつくならば、どうでしょう。そうした観点で振り返れば、かつては「編成」が、そうした〝解釈の多様性〟を支える秩序、ないしは参照枠組みとして機能してきたことに気がつきます。今日のテレビの危機は、言い換えればこの「編成」が与える秩序の弱体化でもあるのです。実際、情報のインフレーションと私たちの認識能力との間に立ちはだかるアポリアは一層大きくなってきましたし、またテレビの「メディア圏」の自壊へ向けた「流れ」が進行するなかで、「編成」そのものはますます機能しづらくなってきました。テレビが「認識のツール」たるには、だんだんと厳しさばかりが目立つようになりつつあるようです。

私たちは、この流れに抵抗するために、改めてテレビの中にリアルかつフローに流れる時間を、過去の記憶や選択可能な他者のことばとの関係の中に配置し、認識のツールとして機能させていくプロジェクトを立ち上げていかねばならないでしょう。そこで考えるべきは〝技術の両義性〟です。

私たちは、デジタル技術を敵に回すことなく、今こそ、味方につけることを

★69　キャッチアップ放送サービス
見逃した番組を一定期間の範囲で放送局側が保存し、ダウンロードして視聴できるサービス。ディレイ視聴サービスとも呼ばれる。二〇〇七年六月イギリスで「BBC iPlayer」がスタート（一週間が視聴期限）。日本でもNHKが二〇〇八年の一二月から同様のサービス「NHKオンデマンド」を開始する（「NHKオンデマンド」は、過去に放送した番組を配信する「特選ライブラリー」も含むサービス名称）。

試みるべきではないでしょうか。二〇〇七年八月、シリーズ「Sengo62」というかたちでまとめられた戦争関連番組群は、そのことに自覚的にNHKが向き合った画期的な企画であったといえます。但し八月という特別の月の「編成」を、Webを用いてサポートするというこの企画は、「戦争」という特別な主題であったからこそできたものであるという側面もあります★70。

これを長期的に運用可能なシステムの次元で考えると「アーカイブ」という概念にたどりつきます。ここにこそ大逆転のチャンスが隠されているのです。私たちの「観る力」の発揮を支えるテレビ番組の潜在的ネットワーク性は、デジタル技術の手を借りることによって、「アーカイブ」として顕在化させることができるのです。

アーカイブ型の視聴、すなわちデジタル技術を前提として数多くの番組とさまざまなコンタクト・ポイントから出会う視聴形態はどのように築かれるべきか——その方法を考えることから、おそらくこれまで「編成」が背負ってきた「遍く」、「偏らず」に代わる、新たな「メディア圏」の原理に接近することが可能になるのではないかと思うのです。それは長い間あいまいに処理されてきた「メディアの公共性」という問題に、認識論的地平から意味を与えなおす作業なのかもしれません。最終章では徐々に、こうした問題の核心に踏み込んでいきます。

★70 シリーズ「Sengo62」二〇〇八年八月、NHKはこの一カ月に地上波、BS、ラジオで放送される「戦争」に関する番組を一覧できるサイトを立ち上げた(すでにサイトは公開終了)。番組表、個別番組の解説に加え、制作者ブログも掲載され、視聴者は番組を個別かつ偶然的に視聴するのではなく、ある「編成」を意識しながら、複数の番組を視聴するという新たなスタイルの可能性が提起された。

第三章　新しく公共圏をデザインする

1　放送の公共性とは何か

「NHK問題」の構造性

テレビと「われわれ」との関係を認識論的地平から考えていくといっても、それはメディアに対して観照的な距離を保持し、遠くから観念的に向き合う姿勢を正当化するものではありません。むしろ反対に、「われわれ」の認識に介入する技術群がいかに社会的に組織化されているかに実践的に切り込み、構造を理解し、さらにその構築に参加していくアプローチこそがそこには必要になります。それは具体的には、現在「事業体」としてのメディア――「放送」とか「通信」事業者が、いかにして組織的な形態を獲得しているかを把握することから始まるものでもあります。

メディアのデジタル化が、それを支える組織や制度の「改革」を促すことは、これまでも一般に指摘されてきました。しかしその「改革」は、必ずしも新しい技術の普及とともにスムーズに進むとは限りません。そこにはさまざまな「軋み」が生じます。そしてそれらの「軋み」への関わり方次第で、「改革」の実質的な内容は変わっていくともいえます。二〇〇四年あたりから顕在化してきた、一連の「公共放送」をめぐる事件や議論——いわゆる「ＮＨＫ問題」や、その一方で広がる「テレビ離れ」という現象は、各々単発の出来事ではなく、集合的に生起し、相互に関連をもって発せられた「軋み」であったといえます。

これらの問題群が人々の耳目を集めたきっかけは、元番組プロデューサーの制作費着服事件でした。しかしこれは決して一部の「不心得者」の仕業ではなく、この組織自体の構造的な問題ではないかとの疑念が広がるにつれ、それまで蓄積されてきたＮＨＫに対する人々の有形無形の不満が噴出し、次第に受信料不払い行動という形をなして広がっていきました。やがてそれは経営問題に発展し、長らく会長を務めていた海老沢勝二は二〇〇五年一月に引責辞任に追い込まれます。さらにこれに追い打ちをかけたのが、政治介入による番組改変問題です★71。ETV2001『問われる戦時性暴力』(二〇〇一年放送)における「従軍慰安婦」の取り扱いに関して、複数の議員から政治的な圧力をうけ、放送日直前に再編集がなされたとされるこの問題——それが二〇〇五年一月というこの時期に、再び内部告発という形で表面化したことにこそ、大きな意味があります。それは告発者が、これを単発の事件としてではなく〝体質として恒常化している〟ＮＨＫの組織的問題として考えた点にあります。

「不祥事」「不払い」「政治介入」——こうして並んだ出来事には、明らかな共通点があります。確かに「不祥事」は組織内の行動規範や倫理の問題であり、

★71　ＮＨＫ番組改変問題
ＮＨＫ『ETV2001 シリーズ「戦争をどう裁くか」』の第2夜「問われる戦時性暴力」(二〇〇一年一月三〇日放送)の番組内容に、一部政治家が介入し改変がなされた疑いに関する問題。二〇〇五年一月一二日の朝日新聞のスクープ記事を契機に、翌日チーフ・プロデューサーが内部告発に踏み切る。問題はその後、本来の問題であるこの番組での「女性国際戦犯法廷」に関する扱い方および「政治介入」が本当にあったのかという事実検証から、朝日新聞対ＮＨＫのワイドショー的対立に徐々に報道の焦点が移ってしまった。問題の核心がぼやけてしまった印象だけが残された格好である。

「不払い」は放送の事業経営基盤の確立に関わる経済的問題、さらに「政治介入」はそれらとは全く別次元の、放送内容の中立性、イデオロギー的不偏性等々に関わる政治的問題――というように整理し、議論を縦割りにしていくことは可能です。しかし「発生」地点に目を向けると、これらの問題は徐々に重なりを見せはじめます。そしてそのシルエットの中に、浮かび上がるものとは何でしょうか。それはＮＨＫと視聴者との間にぽっかりとあいた「空隙」とも言うべき距離に他なりません。この「空隙」こそが、これらの出来事の発生に深く関与していると考えられるのです。

その後ＮＨＫは、海老沢の後継として橋本元一を会長に任命、「改革」を打ち出すことによって、この危機の打開に向かっていくことになります。早速、橋本は会長就任とともに『再生にむけた改革施策』を発表し、「抜本的改革にむけたこれからの取り組み」として以下の六項目を掲げました★72。

1　経営委員会の強化、
2　視聴者とともに歩む公共放送のサービスの充実
3　視聴者との結びつきの強化
4　再生に向けた体制・組織の改革
5　受信契約と受信料収納の確保
6　役員報酬・職員給与の削減、効率的な業務運営による経費削減

★72　NHK INFORMATION「改革・新生の取り組み」ＮＨＫサイトTOP＞経営情報＞「改革・新生の取り組み」(http://www3.nhk.or.jp/pr/keiei/kaikaku/index.html)「再生に向けた改革施策」の発表は、平成一七年（二〇〇五年）一月二五日付でアップされている。

これらは、この時点の危機的状況の中で「一刻も早く着手すべき課題」であったことは確かです。しかし今、多少批判的にこれらの項目を振り返るならば、それはいずれも「抜本的改革に〝むけた〟当座の施策」でしかなく、そこから、その先にある「抜本的改革」の意味を読みとることは容易ではありません。

ここに提示された六つの項目は、それぞれ「組織問題（1、4）」「視聴者対策（2、3）」「経営問題（5、6）」の三つの分野に対応しています。そしてさらに詳細に具体的施策が、各項目の下に階層的に列挙されていくことになります。しかしこうしたトップダウンの行動目標の設定は、しばしばその細分化した項目間相互の関係や、その前提を成す思想の次元にあるものへの関心を希薄にしていきます。さらに「政治介入」疑惑に端を発した放送が発するメッセージ内容の中立性・公共性に関する問題は、「改革」の表だったアジェンダからは外され、「公共性」の議論は「形式」、すなわち個別サービスの品揃えの次元に封じ込められた格好になっています。

「改革」とはいったい何なのか

ところで橋本体制は、就任して一年を過ぎたあたりから、その「改革」が不十分であるとの批判を、あからさまにうけるようになります。もともと、「海老沢後」を急遽まかされた橋本会長には、当初から〝ピンチヒッターとしての役割〟しか期待されていなかったとの見方もありました。NHK初の技術系からの会長就任は、さまざまな権益からの「遠さ」を、外向きにイメージさせることができるといった点ではプラスに働きますが、逆に組織的な牽引力といった面において、マイナスイメージをもたれるのではないかとの危惧は、はじめから予想されたものではありました。

もちろん、こうした功罪はいずれにしても「イメージ」の次元の話にすぎません。しかし実際に二年目、三年目になると、「イメージ」は実態を成しはじめ、この体制は政府・与党や経済界からのさまざまなプレッシャーを露骨に受けはじめます。そして二〇〇七年六月、古森重隆(富士フィルムホールディングス)が経営委員会委員長に任命されたあたりから、〝ポスト橋本〟の新しい会長選出の動きが鮮明になり、最終的には一二月二五日、アサヒビール相談役の福地茂雄が新しい会長として選出され、橋本体制はわずか一期三年の短命で終わることが決定しました(実際にはその後、職員のインサイダー取引事件が露見し、その責任を取るかたちで任期満了を待たずに辞任します)。

新しい会長選任は、実際にはかなり難航しました。古森委員長によるやや強引な運営や、特定政治家との近さに対する批判が経営委員会内部から高まり、二名の委員から別の候補者の名があげられるなど、対立が表面化し、ニュースにも取り上げられました。しかしここでは、こうした人事の政治性に深入りしていくつもりはありません。それよりもこうした動きの中に、実は本章の冒頭に提起した「認識論」的に重要な問題――技術を組織する際の思想的な問題を見ることができるのです――その点に注目していきたいと思います。

元来、国会によって任命される経営委員は、一般視聴者の代表としてNHKとの絆を担っていたはずでした。にもかかわらず、これまでこの委員会はどちらかといえば、執行部や政府の方針を追認する「形ばかりの」上位機関と揶揄されてきました。その歴史を考えれば、まずはこの委員会のあり方が広く論議されたこと自体を、私たちは評価しなければならないでしょう。しかしその内容を手放しで歓迎することはできません。福地にしても、もう一人の候補者、藤原作弥（元日銀副総裁）にしても、共に「財界系」である点は大いに気になるところです。なぜならばこうした選択にこそ、委員たちが「改革」ということばにどのような意味を委ねているかが表れているからです。

ここで、新体制が立ち向かうべき一連の「NHK問題」の噴出とおなじタイミングで、「NHK民営化論」に正当性を与える動きがあったことを踏まえておく必要があるでしょう。橋本体制に対する批判が大きくなりはじめた二〇〇六年六月、竹中総務大臣の私的懇談会「通信・放送の在り方に関する懇談会」（いわゆる「竹中懇」）が最終報告書を取りまとめました★73。その報告書

★73　竹中懇――「通信・放送の在り方に関する懇談会」
小泉内閣時、竹中平蔵総務相が私的に開いた、通信と放送の融合時代における情報通信政策の在り方を幅広く討議する懇談会。第一回会合二〇〇六年一月二〇日、最終報告書二〇〇六年六月六日に最終報告書提出。東洋大学の松原聡教授を座長に専門家を集めたとされているが、メンバーを見ると「放送」の専門家がいないなど、明らかにバランスを欠いている。報告書、その他各会合の要旨などが総務省のサイトからダウンロードできる。
http://www.soumu.go.jp/joho_tsusin/policyreports/chousa/tsushin_hosou/index.html

では、「NHK改革」は将来展望される「通信と放送の融合」を見据えた文脈の中にあり、さらにそれは翌月発表を予定していた、いわゆる『骨太方針』とよばれた「経済財政構造と構造改革に関する基本方針2006」(小泉内閣の経済政策の基本方針)の準備作業として位置づけられていました。つまり「NHK改革」は、さらに上位の社会全般を見通した「構造改革」のサブメニューとして組み込まれたのです。

「竹中懇」で打ち出された放送に関する提言は、NHKの「企業化」「スリム化」の推進を介して、公共放送の運営に市場原理の導入を図ることを目論んでいました。そこでは、番組は単純に私的消費対象である「コンテンツ」とみなされ、それを幅広く流通させるための整備を進める、〝競争環境の全面化〟を前提とした経営論が貫かれています。つまり、放送と通信は「融合」するのではなく、放送は通信に、その下位カテゴリーとしてとり込まれていく流れが自明とされていたのです。そうなると当然、これまで「放送」の「公共性」を担保してきたとされる制度的側面に対する配慮は、反対に市場原理に対する「制約」としてみなされ、後退していくことになります。

その中でも特に「受信料」の扱い方については、注目すべきでしょう。「受信料」は、この時期の一連の「NHK問題」の中でも、とりわけ経営に直結する焦眉の課題と考えられていました。「竹中懇」では、この「不払い」という目下の危機的状況に対する解決策を、三つの策の組み合わせによって提案しています。

⑴ 受信料の金額引き下げ
⑵ 受信料負担の義務化
⑶ 受信料以外の収入源の開発・確保

これらは一見、現実的な解決策に見えます。しかしここには「我々は何のために受信料を払うのか（払ってきたのか）」という問いに答えられる解釈レベルの一貫性が見られません。「払えなくなったから」「この方法ではダメだから」別の方法へ——という割り切りで、パッチワーク式にこの問題に〝継ぎ当て〟をするだけで、果たしていいのでしょうか。

ともあれ政府・財界では、これ以降こうした考え方が「規定ライン」とみなされるようになっていきます。橋本元一は、自身の退任が決まった翌日（二〇〇七年一二月二六日）の町村官房長官による「改革への取り組みが不十分」との発言に反論し、二〇〇八年の年頭あいさつにて「根拠のない批判には憤りを感じる」と述べて対立色を鮮明にしました★74。明らかにここには、両者の「改革」ということばに対する解釈・思想の違いが表れています。橋本は在任中の会見では一貫して「受信料とは、視聴者の信頼の証しである」という主旨の発言を貫いてきました。これは彼のオリジナルというよりは、これまでのＮＨＫの基本的姿勢を踏襲したものです。つまりＮＨＫが言う「改革」とは、「失わ

★74 NHK INFORMATION「トップトーク」ＮＨＫサイトTOP＞経営情報＞記者会見要旨：会長会見要旨＞平成19年度 会長記者会見要旨（http://www3.nhk.or.jp/pr/keiei/toptalk/kaichou19.htm）。この問題となった「年頭あいさつ」については、平成19年度会長記者会見要旨で述べられている（二〇〇八年一月十日の会見要旨参照）。

れた信頼の回復」の意味であり、この機にNHKがそれまでのものとは「別の」ものに生まれ変わることまでは指し示していないわけです。

こうした「改革」に関する思想の違いは、さらに双方の現状認識の大きな隔たりを生んでいきます。橋本体制の執行部は、その「信頼の回復」は「番組内容」に対する「評価」をもって問われるべきであるとの考えを明らかにしていました。「いい番組、挑戦的な番組を出しているところは、必ず、現場では闘っている。一人ひとりの自主性、説得力をもって、ものを言っていってほしい」（永井副会長：記者会見二〇〇八年一月一〇日）という発言にも表れているように、NHKの自負を支えているものは「自主自律」の精神であり、このコンセプトが〝番組内容とその評価指標としての受信料という制度〟を結ぶロジックを支えているのです。

二〇〇五年の大混乱以降、皮肉にもNHKの番組制作努力は、端々に見られるようになっていきます。それは「デジタル化への対応」という事業的・技術的なものというよりも、テーマ設定、取材、構成といった行為の中に、現代社会に対する提案性をどのように埋め込んでいくかという〝番組作りの基本〟に立ち返る運動にようにも見えます。表立って言及されてはいませんが、こうしたことの中に「政治介入」問題が「不祥事」と同時期に表面化したことの意味を考えることができます。そうした点に、確かに「目覚ましい成果」とは言えないものの「着実」な「(NHK及び民放的な意味での)改革」の進捗を見ることはできます。

しかし、政府・財界ラインの「改革」は、そうしたこととは別のフレームに準拠しています。受信料問題とともに、「竹中懇」報告書に掲げられたような〝NHKの事業体としての変革〟がなされなければ「改革」とみなすことはできないのです。だから逆に、NHK的な意味での「改革」は「復古」に見え、それが町村官房長官をはじめとした人々をいらだたせたのです。

経営合理化、自由化(競争領域の拡大)を民間の通信事業領域の規範に準じさせようという方針に加えて、その点でもう一つ注目すべき「改革」の目玉は「国際放送(国際的発信力)の強化」です――実際に町村の批判も、この点に強く言及していました。今日「放送」が準拠すべきは、単純かつ古典的な一国市場なのではありません。それは、デジタル技術に基づくネットワークが支える〝グローバル経済〟なのです。したがって政府・財界ラインの声は、その世界的な体制下に勝ち抜くためのロジックを求めます。彼らの発言がネオ・リベラリズム的国家総動員策を求める、イデオロギー的なトーンを帯びているのはそのためです。今回、NHK執行部に外部(経済界)から会長を求めたのは、そうした論理が貫通する社会を作り上げるために、その〝サブシステム〟として放送を位置づけなおそうとする目論見の一環であるといったら言い過ぎでしょうか。

「われわれ」と「みなさま」

こうした経緯を踏まえ、二〇〇五年を起点とする「NHK改革」へ向けた取り組みは、確実に新たなステージに入ったということができるでしょう。既に見てきたように、「改革」というマジックワードの解釈をめぐる攻防は、今や財界からの会長登用によって直接ぶつかりあう状況になりつつあります。会長交代によって、市場への解放を狙う「NHK包囲網」は一歩進みましたが、福地会長にとっては放送の「現場」たる執行部は、いわばアウェイな環境でもあります。こうした入れ子の状態の中で何がどのように動いていくかを私たちは今後、注視していく必要があります。

というのも、こうしてNHK改革がいわば「急展開」せざるを得なかった背景には、橋本体制を批判した政府や古森経営委員長の物言いとは別の意味での、「改革の不十分さ」があると言わざるを得ないからです。それは、橋本体制が訴えていた「信頼の回復」という理念そのものがはらむ問題であるといえます。

NHKが「改革」の大前提として考えたことは、「公共放送の原点に返ること」でした。つまり自分たちは番組の制作者として、いかにプロフェッショナルに質の高いモノをつくるかに専念し、そのことを通じて視聴者の評価を得る、すなわち受信料がその証となるこのプロセスに真摯に向き合うということ。しかし、この「大前提」は、果たして今日のテレビと私たちの関係の間において、機能し続けることができるものなのでしょうか。

一連のNHK問題は、既に見てきたように、「不祥事」という組織内倫理問題、受信料「不払い」という経営問題、「介入」による番組改変という政治的中立性に関わる問題という、「三つの危機」として表面化しました。そしてこの三つの「現象面」を結ぶものとして、本章の冒頭では、視聴者と送り手の間にできた「空隙」を問題にしました。NHKが一連の問題に対して出した答え――「信頼の回復」は、これを埋めるものと読み替えるならば、なるほど的確に問題の核心を射たものであるといえます。しかし、この「空隙」とは何か――この点に読み違えはなかったといえるでしょうか。離れてしまっている二つの立場は、果たして「信頼」によって結びなおすことができるのでしょうか。

「信頼」とは、もともと他者に意志を委ねる心を前提に成立する関係性であるといえます。ここで私たちが考えねばならないことは、一連の表面化した「不祥事」「不払い」「介入」といったことがらと、この「信頼」との因果性にあります。つまり、こうした事件が起きたことによって、結果として「信頼」が失われたと考えるならば、その「回復」は、事件発生に関わる諸要因を取り去っていくことによって可能でしょう。しかしそうではなくて、これらの事件は、その「信頼」の喪失が先行する原因となって起こった――つまり、事件と信頼の因果関係が逆であったなら――こうしたことを、考えてみる必要はなかったでしょうか。

既に第一章、第二章では、いくつかの調査結果や先行研究を通じて「メディア」と「生活」全般の関係の「反転」――崩壊した生活秩序の代わりに、メディアが秩序原理を担うという逆転現象が起こっていることを指摘してきました。それを前提に考えると、NHKが言うところの「信頼」の喪失は、私たちの「メディア圏」全体の問題としてみるべきであろうということになります。つまり、こうした事件が起こる以前に、かつてのような「信頼」、すなわち他者に託す関係を支える空間が、喪失してしまっているのではないかと。

たとえば昨今、急速に進む「テレビ離れ」を裏づける、「ケータイ」と「テレビ」の位置関係の逆転は、「メディア圏」を形成するベースを成していた〝「われわれ」を取り巻く外部空間〟が、手のひらでまなざしを折り返す〝身体的な内部空間〟のイメージにヴァーチャルに移行しつつあることを表しています。こうした空間の「反転」という強烈な環境変化のうねりの中で考えると、「信頼」の喪失の元凶は、個々の事件から辿れるものではないことがわかります。つまりこれらの事件は、〝信頼なき現状〟について人々が追認できるように、それに「お墨付き」を与えるアリバイ的トピックスに見えてきます。

一見ばらばらに思えるＮＨＫ及び民放問題が、送り手と受け手（視聴者）の間にあいた「距離」、いいかえれば「空隙」におこってきたと言った意味はここにあります。「われわれ」の生活とメディアとの関係の反転は、この「空隙」に対する「われわれ」の身の置き方を変えてしまった——つまり今や向き合うべき相手は「われわれ」の「背中」にあるのです。そうなるとその「空隙」はもはや、他者と隔てるあるいは関係をとり結ぶ境界の機能を果たさなくなります。

この状態は、第一章で取り上げた三つの立場の背中合わせのインターフェイスを成す「視聴率」のメカニズムを思い出していただくといいと思います。事業者にとっての〝産業としての放送〟の基盤を支える販売単価指標、制作者にとっての〝放送の公共性の実態イメージ〟を支える幅広い視聴者の関心を保証する指標、視聴者に向けられた〝放送の一方向性を補完する〟擬似共同性指標という三つの「視聴率」の解釈が、互いに媒介されることなく、それぞれのシステム内で閉じたままに、コミュニケーションが遮断されつつも、「視聴率」が数値であること——そのニュートラル性をもって、それらを包含する巨大な「放送システム」を構築しているという現実。

「視聴率」の実体たる「数値」は、その汎記号性をもって、まさにそれが直接意味を表象することがなくとも、ひたすら流通することによって関係性を築き上げていきます。「視聴率」が貨幣として機能するといった意味は、まさしくその点に宿ります。そして受信料は――NHKの「期待」に反して、貨幣そのものなのです。「竹中懇」で、〝受信料引き下げ＋他の財源開発＋義務化〟という、放送の本質を考えると全くちぐはぐな思想に支えられた各施策が、一つの提言の中に共存しうるという戯画的状況は、まさにこの汎記号性のなせる技といえます。

さらに今日デジタル記号を本質とするネットワークは、そういった関係性の反転をますます補強しているように見えます。解体した「家族」という共同性の後に入り込んだこの新しい「絆」は、「われわれ」に「アプリオリに（先験的に）世界に接続されてしまっている」仮象を与えてくれます。「不安」に通じる向き合いたくない「空隙」は、こうしたネットワークにお気楽に代替させることができる――「信頼」は、メッセージのやり取りによって新たに取り結ばれるものではなく、既にシステムの中に先取りされていて「遂行的に引き受けられる」――すなわち「信じなくても信頼できる」（ジジェク『信じるということ』★75）ようになっているのです。

そのように考えると、NHKが自分たちのことを、ことさらに「みなさまのNHK」と連呼することの「虚しさ」が浮き上がってきます。「みなさま」というアドレスは、もともと発信者に顔を向けている人にしか響きません。しか

★75　S・ジジェク『信じるということ』（二〇〇三、産業図書、松浦俊輔訳）ジジェクによれば、現代においては「信じる」という態度と「何も信じていない」という状態が、同じ根拠に支えられているという。主著『イデオロギーの崇高な対象』（二〇〇〇、河出書房新社、鈴木晶訳）以降、一貫して問い続けている「倒錯的現実」の一面をキリスト教と仮想現実の関係を手掛かりに描いている。

し、こうした呼びかけに背を向ける人々は、それでは他者との結びつきに興味を失っているかというと、実はそうではありません。彼らは先験的な関係性を前提としたコミュニケーションの仮象の中にいるわけですから、それを失うことに対しては、著しくセンシティブであり、またそういう危機に直面しては、ひどく暴力的にふるまったりします。新しい「メディア圏」は、個人のこころと社会的（集合的）意識の結びつきかたを大きく変えてしまったのです。

スティグレールは『現勢化——哲学の使命』という講演の中で、哲学の実践性は「私」と「われわれ」の境界に位置づけられることに支えられると説きます★76。かつての「メディア圏」においては、まさしくこの境界に生まれる「空隙」こそが、哲学の対象であったわけです。しかし今や、この「私」と「われわれ」の同一性は自明化されているのです——そのように考えると、この「メディア圏」の変貌は、すなわち「哲学の危機」であるということもできるでしょう。今や「空隙」は背を向けられる対象であり、しかも反転によってそれは他者と自分を隔てるものではなく、無意識下の物理的な関係性——「われわれ」の背中に差し込み口があって、そこにプラグが差し込まれてケーブル接続されているような感覚がそこに成立しているといえます。こうした状況描写は、SF的表現に過ぎるでしょうか。

話を戻しましょう。いずれにしてもNHK改革の核心は、いかに視聴者が「N

★76 B・スティグレール『現勢化——哲学の使命』（二〇〇七、新評論、ガブリエル・メランベルジェ＋メランベルジェ眞紀訳）スティグレールが哲学を志す契機となった個人的な事情——ある犯罪の決行から、世界の中で生きていくために必要な「他者」との出会い、そしてその関係を「われわれ」のレベルに上げていく、すなわち「公共空間」を作り上げていく実践的な方法としての哲学の意義を説く。『愛するということ——「自分」を、そして「われわれ」を』（二〇〇七、新評論、ガブリエル・メランベルジェ＋メランベルジェ眞紀訳）との併読がお勧め。

HKを自分たちのもの」として実感し、その運営や発するメッセージに参加できる道が開かれるかにあります。「みなさまの NHK」ではなく、一般視聴者が「われわれの NHK及び民放」と普通に言える時代にどのように変えていくか――二〇年ぶりの組織外部からの登用は、是非そうした期待に応えるものであってほしいし、直面するデジタル対策についても、コンテンツの経営資源化といった狭い観点だけでなく、一連の問題の根底にある「視聴者との距離」を埋める手段として捉えなおすべきだろうと思います。

アリバイとしての公共性――民間放送の場合

NHK問題は、一連の事件が「信頼の失墜」の要因になったのではなく、既に先行して進んでいたNHK離れに、各事件がアリバイを与え、あらかじめ用意された「不信」構造を「追認」するかたちで拡大していったと考えるべきでしょう。そう考えると、ほぼ同時期（二〇〇五年春）に話題を集めた「民間放送の危機」――新興IT企業による「買収」騒動に関しても、同じような構図でこの問題の本質を捉えることができそうです。

ことの起りは、あまりに唐突でした。「放送と通信の融合」――ホリエモン（堀江貴文）はもしかすると本当に、その場の思いつきで口走っただけだったのかもしれません。しかしこの「ことば」が、そもそもの混乱の始まりでした。この「融合」ということばも、第二章の冒頭で触れた一連の「流行語」に連なるものといえましょう。未定義なまま、しかしそれだからこそ「発展」とか「夢」とかを印象づけるシンボルとして「想像上の通貨」の役割を担う流行語。まさにこうしたことばを主たるボキャブラリーとしてふるまう人々が、この時期――彼だけが特別の存在ではなく、社会の表層を闊歩し始めます。

こうした「ボキャブラリー」に表れた「ご都合主義」が、この出来事では争点になります。堀江たちが繰り出す「融合」のイメージは、直接の対決相手であったフジテレビの日枝久を始めとする放送の先住民たちの感覚を逆なでするものでした。「放送がその歴史の中で生み出してきた資産や実績を自らの事業領域に都合よく利用したい」――堀江のことばは、おそらくそんな風に聞こえたのでしょう。むき出しの「私性」(ホンネ)が可能な世界に生きる者と、「公共性」(タテマエ)でバランスを取ることで維持されるシステムに住まうものの対立――しかしもう少しよく見てみると、当時ようやく人々の耳に届くようになった「地上デジタル放送」の説明に動員される「融合」のイメージにも、「放送が通信を利用する」という、まったく反対ではありますが、同様の虫のよさが感じられます。なんだかお互いの「ご都合主義」がぶつかっただけのような白けた雰囲気――そのこともあって、この騒動はワイドショーネタになっていったのかもしれません。

　そもそも堀江は、一つの巨大な事業体の中に、放送的なものから通信的なものまでのさまざまな品揃えが整う——まるで「流通業」のベネフィットを謳うような意味で「融合」ということばを用いていたようです。当然彼は、そこで各メディアが機能的にどのように「連携」し「メディア圏」を形成するのかについては、ほとんど語っていません。むしろイメージができなかったのだと思います。そればかりか「アクセス率が高い情報こそが世論の反映」などといった「ジャーナリズム的正義」と「マーケットの公正さ」とを混同した不用意な発言を連発していきます。政治的、文化的領域に属する多様かつ複雑なコミュニケーション関係も、すべて経済的カテゴリーに還元させてしまう単純さ。しかし彼をはじめとする若者たちに宿ったいわゆるＩＴベンチャー気質は、むしろそうした思考モードを無批判に受け入れ、広まっていったものといえます。

　これまでの旧放送人は、メディアを語る際には、こうしたピュアなビジネス的関心を、なるべく目立たせぬように振舞ってきました。とくに民間放送に関しては、そのポジションは複雑です。確かに「私企業（営利事業）」として運営されるという点では、もちろん経済システムの内に位置づけられます。しかしそれは、社会的コミュニケーションの媒介者として機能する限りにおいて、はじめて得られる位置であり、その意味で株式会社としてのメディアは、経済

／政治／文化各システムの、いわば接続点を成す位置にあるといえます。

社会的コミュニケーションの実現が、いかにして「私」の利益を生む源泉になるか――このメカニズムを説明することは容易ではありません。だからこそそこで発せられる「公共性を担保する」「表現の自由」などのことばは、抽象的に感じられてしまうのです。いやむしろ、積極的にその秘密を「覆い隠す蓋」「不文律」「建前」として、当時者たちはこのことばを用いてきたと考えることもできます。こうした〝意味が問われないことば〟の流通は、背中合わせの「空隙」を埋める役割を果たしていきます。「流行語」もある意味、〝時代に後押しされた不文律〟であると考えれば、堀江たち〝新しい時代のIT野郎〟たちも旧放送人たちも、実は同じことを語っていたのだということもいえそうです。

「視聴率」の場合は、同じことばがジャーナリズム性、市場性、共同幻想の各々の領域で、別々の意味で扱われうるように流通することによって、制作者と広告営業、そして視聴者は「異なる夢」を結びつけていたわけですが、ここではやがて異なることばが、互いに無意味であるという共通項によって次第に「経営目標」の次元で縫い合わせられていくという、まるでコメディーのような展開が始まります。結局、混乱はわずか二ヵ月半。堀江貴文と日枝久の握手で、ドタバタのうちに終結します。その後も楽天によるTBSの買収問題など、同様の出来事が繰り返されていきますが、正直言って、こうしたニュースに〝慣らされてしまった〟感は否めません。

とはいえこの時の一連の出来事の中で現れた、「公共性」ということばの用いられ方には、極めて不自然さがにじみ出ていました。それは単に「不文律」として扱われるのみならず、「融合」ということばとの取引に晒されることで、妙に肯定性、すなわちアリバイ的な意味あいが付加されていきます。つまり現状追認的に既存のメディア状況に対する「信託」を根拠づけようとするシンボルに、このことばは変化していったのです——この点は、ＮＨＫが「信頼の回復」を訴えるプロセスに似ています。そしてさらに付け加えるならば、その目論見は必ずしも成就しません。皮肉にもその後堀江は、自ら前線から退かざるを得なくなり、フジテレビ系列局（関西テレビ）が起こした『あるある大事典』事件は、折からのテレビ・バッシングをますます加速させることになります。

確かに歴史を振り返るに、「公共性」はこれまで、放送制度を支える理論的根拠として位置づけられてきました。しかしそれは単に、〝善なるシンボル〟として、「放送」システムに〝元々備わっている属性〟ではありません。逆に今日、「公共性」ないしは「公共放送」ということばの濫発、さらには、それに〝新たな属性〟（ここでは「融合」）を加えることで、「信託」に支えられる関係性を厚塗りしようという意図を目にするたびに、「公共性」自体の危機が加速しているように感じてしまうのです。私たちは、あまりにも「公共性」ということばを、「放送」の存在の正当性を根拠づけるための道具としてのみ、扱いすぎたのではないでしょうか。そのことによって「メディア圏」の転換は促され、実態としての「公共性」はひたすら消耗するといった結果に陥ったとはいえないでしょうか。

民間放送が「公共性」を語ろうとすればするほど、それが「あとづけ」の論理であることが露呈されてしまう。またＮＨＫが「公共性」を特権的に語ること自体が、「改革」の流れの前に、困難になりつつある――人々のテレビに対するコンタクトの欲望自体が衰弱し、通信に飲み込まれる転倒状況に瀕し、さらに追い打ちのように厳しいバッシングを受ける――「放送」が幾重もの意味で追い込まれている今日こそ、この「メディア圏」の変化と「公共性」の関係について、検証していく必要があるのではないかと思われます。

「公共性」は、かつてＮＨＫや民間放送の経営陣が〝胸を張って〟標榜するように、決して既存の放送システムを成立させている与件として、先取りされたものではありません。むしろ花田達朗が指摘し続けてきたように、「放送」は「公共性」の実現に奉仕すべき手段として位置づけられるべきで、我々は「放送によって、いかに公共性は実現する可能性があるのか」というように問題を立て直す必要があるのです（花田達朗『公共圏という社会空間』★77）。

ハーバーマスの主張に従うならば、「公共性」とは「近代市民が、議論する

★77 花田達朗『公共圏という社会空間』（一九九六、木鐸社）「公共圏」を一つの「社会空間」と捉え、その生成のダイナミズムに注目するところに花田達朗の公共圏論のオリジナリティがある。公共性を放送にもともと備わった属性ではなく、放送がいかに公共的なるものを成立させるのに寄与しうるかを考えるための論文集。

公衆として、新しい社会秩序をコミュニケーション的合意によって形成する」(『公共性の構造転換(第二版)』「一九九〇年度版序言」)ことそのものであり、それは不断の言語的相互行為によって、〝プロセスそのものとして現れる様態〟ということになります★78。この状況が実現する空間概念が「公共圏」(Public Sphere)です。このことは極めて重要で、要するに「公共性」の問題は、属性・性質の問題として問うべきではなく、こうしたコミュニケーション的プロセスが可能な「場」「空間」の問題、すなわち「メディア圏」の問題ということになります。

果たして「放送」は、こうした「公共圏」機能を、どのようにして果たそうとしてきたのか、そしてそれがなぜうまく機能しなくなり、その結果どのような変質がいまそこに生まれようとしているのかと今こそきちんと問う必要があります。ここでは以下しばらくこの問題を、日本の「放送の公共性」の成立史をたどりながら考えてみたいと思います。

「放送の公共性」成立史——アメリカ型とイギリス型、そして日本

放送史を世界的な視野で遡っていくと、その草創期は、技術開発の世界的な同時多発性と、社会的装置として実装されるに至る道のりにおける政治・経済

★78 J・ハーバーマス『公共性の構造転換(第二版)』(一九九四、未来社、細谷貞雄訳)一九六二年に第一版が書かれ、そして一九九〇年に、長い序文が加えられることによって改訂がなされたことに、この本の主題である「公共性」ないしは「公共圏」の問題の現代性と普遍性を読み取ることができる。パブリックであることは、単純に社会制度論に還元できるものではない。社会とか他者といったものとの我々一人ひとりの関わりあい方がいかに集積されるかの問題なのだ。

的な抗争に特徴づけられることが見えてきます。一般に放送制度には、アメリカ型と、イギリス型があると言われますが、この両タイプのコントラストは、「放送」という社会的装置が、実は経済システムと政治システムの相互干渉の位置にあることを私たちに教えてくれています。

もともと「放送」を成立させる物質的根拠は「電波」という天然資源の存在にあります。つまりその「周波数帯域」のエコノミーが、限定された市場における持続的発展という後期資本主義的な経済環境に不可避の問題として、今日の放送制度をかたちづくってきたわけです。実際、ラジオが生まれた一九二〇年代、人々は絶え間無き拡大を指向しなければならない資本主義の危機、すなわち世界的な経済の停滞をリアルに経験していました。楽天的な「放任主義的経済原理（レッセフェール）」の終焉といえるような時代精神が育つ中で、「電波」の「有限性」という問題は、特に乱立したラジオ局による無秩序な電波使用が生んだ混信という経験によって人々に意識されていきました（水越伸『メディアの生成――アメリカ・ラジオの動態史』★79）。

「電波」の有限性は、まず経済システムにおいて「公共性」の議論に結びついていきました。アメリカではこの時期、FRC：連邦無線委員会（その後のFCC：連邦通信委員会）設立の原動力ともなった〝パブリック・インタレスト〟という概念が生まれます。この「パブリック」概念の誕生は、このように「有

★79 水越伸『メディアの生成-アメリカ・ラジオの動態史』（一九九三、同文館）
メディアとは、その始まりの段階から、現在我々が慣れ親しんできたような「かたち」をもって生まれてきたとは限らない。「ありえたかもしれない」メディアの別の可能性へ想像力を導いてくれる一冊。

限な資材を、不偏（偏らず）かつ普遍的に（遍く）利用可能な場に置く」という経済的な関心に牽引されていました。FRCは、合衆国五番目の「独立行政法人」として誕生しましたが、このことは、〝レッセフェールに晒すことが不可能な希少財は、事実上国家の管理下におくべきである〟ことを制度的に認めたものといえます。つまり、競争環境下におくことができないものは、他の競争可能な財の「環境的基盤」を構成するものとして、それ自身を競争不可能な位置に後退させるという考え方です。この措置、すなわち「自由」競争の場たる「市場」を成立させるための「条件としての公共性」解釈が経済システム領域における「公共（パブリック）」概念の出発点となります。

一方イギリスでは、「放送」開始期におけるアメリカの放任主義的混乱を見て、それを他山の石とし、当初から公共事業体BBCの独占体制による放送秩序を形成していきます。国家と産業資本の双方に均等に距離を置くBBC特有のポジションは、初代総支配人リース卿の思想が強く影響したものとして語られることが多いのですが、とりわけ一九二六年ゼネストにおける国家方針との対立が決定的な経験として意味をもっていたことには注目すべきでしょう（蓑葉信弘『BBC　イギリス放送協会』★80）。そもそも、産業資本主義が純粋に前面化した社会であるアメリカでは、国家は市場の後景において機能していたのに対し、イギリスでは政治システムと、経済システムの緊張関係が焦眉の問題とし

★80　蓑葉信弘『BBC‐イギリス放送協会‐パブリック・サービス放送の伝統［第二版］』（二〇〇三、東信堂）
戦後のNHK改革のモデルとして、そして世界の公共放送の一つの象徴として語られるBBCが、いかに様々なパワーがぶつかりあう「境界」に、微妙なバランスをもって誕生したかを教えてくれる。

て社会の表面に顕れていたのです。しかも、さらにその一方の政治的領域だけを見ても、イギリスでは国民の精神的・文化的な中心である王室と、統治のテクノロジーとしての政府とに国家機能は分岐しており、この双方のパワーバランスを常に保つ工夫が必要だったといえます。

イギリスの社会は、まさにこうした緊張関係の中で「公共」（パブリックなるもの）という概念を育てていきました。たとえば、放送制度の制定、改訂に際しては「放送調査委員会」がそのつど組織され、提言・勧告を行ってきたことがよく知られていますが、いずれの委員会においても、実際常にこのパワーバランスが主題とされてきました。その代表的な提言が、一九八五年、ピーコック委員会の委託によりBRU (Broadcasting Research Unit) が取りまとめた「イギリスの放送における公共サービスの理念」です。ここでBRUも、アメリカのFRCと同様に「不偏」「普遍」を主題とします。しかしそれは経済的中立性ではなく、さまざまな権力関係の中での位置の確保——すなわち、どちらかといえば「政治的コンテクスト」での「中立性」が強調されたのです。

このコントラストは、「公共」（パブリックなるもの）という概念の多面性を象徴しています。しかし、経済、政治を包含する社会全体という上位のパースペクティブからみれば、この概念の多面性こそが、システム相互の関係を繋ぐ役割を担ってきた——つまり両国にとって「公共」概念は、経済的側面と政治的側面を媒介し、これによって「放送」というひとつのシステムの外形を作りだすことに寄与してきたといえるのです。

ところで、我が国日本の放送制度と「公共」概念の関係はどうなっているのでしょうか。実は、一九五〇年の放送関連三法の制定からさかのぼること三年。一九四七年に記されたファイスナー・メモ（連合軍総司令部民間通信局／民間教育局による放送に関する法律制定に関する示唆）に、そのアウトラインを読み取ることができます。「あらゆる放送形態を管理・運営する自主機関（いかなる政府、個人団体、政党からも支配を受けない）の制定」「民間放送を認め、民間放送相互、及びこの自主機関と民間放送間の自由競争を発達させる」――このメモに謳われた二つの文言は、政治的なコンテクストが強調されたイギリス型と、経済的なコンテクストをベースにかたちづくられたアメリカ型の、二つの制度の併存を示唆しています。

戦後の日本にとっては、イギリスやアメリカが経験していなかった〝国家による独占〟という形態から民主主義的形態への、放送機能の転換が至上命題でした。この目的の下に、イギリス型「パワーバランス」、アメリカ型「自由競争社会の前提」の二つの論理が結びつき、日本の放送における「公共性」（パブリックなるもの）のイメージは出来上がったのです。しかし、この段階における「公共」概念は、それ以前の「独占」状態からの開放といった程度の、極めて未定義なものに過ぎませんでした。逆に言えば、こうした状態だったからこそ、公共放送ＮＨＫと、その後系列化される民間放送ネットワークという二つの放送事業体制の並存を、ともにポジティブなものとして矛盾なく受け入れることができたのかもしれません。

しかし日本ではそれから五〇年あまり、この「折衷的な状況」が制度的に保持されつづけます。そして現在なお未定義に、〝意味の問われないことば〟としてこの概念が用いられること、さらに「流行語」などとともに、時々の状況に合わせた「アリバイ」として機能させられている実態を見せつけられると、今日その状況は、放送制度の成立時にくらべ、深刻の度を増しているように思います。

ポジティブに考えれば、日本の放送制度は、一見対立的に見えるアメリカ型とイギリス型の制度を合体させ、「経済」と「政治」のシステム的矛盾を止揚し、一回り大きな社会制度を構想する契機となる可能性をもっていたといえます。しかし残念ながら、実際はそうなりませんでした。

花田達朗は『公共圏という公共空間』（第四章）で、この問題を制度と自由の関係として論じています。日本において「放送の自由」は、日本国憲法に謳われる「表現の自由」から離れ、実態論としての「放送の制度的自由」の意味に偏向していき、その結果「表現の自由」は放送事業に関与する者だけの特別な権利として組織されていったというのです。これでは一般の個人が「放送」という社会装置に、自らの「表現の自由」を求めてアクセスすることは困難になってしまいます。つまり、日本の放送は確かに「旧国家からの自由」は実現したが、これでは新しい国家や制度的に守られた「特権的」な一部事業者の独占に帰着することになると花田は批判します。

このような状況の背景にあるものとして、花田は、日本において放送の受容空間として一般化された「お茶の間」ということばに注目します。放送に向き合う一般市民は「お茶の間」という受信専用の受動的な場に固定されることによって、発信者―受信者という安定的な情報の流れが生まれます。そこに発せられる「お茶の間のみなさん」というメッセージ――このことばがもつ構図に則った、一方向的に影響を与える関係に限って、これまで「放送の公共性」の議論は許容されてきました。つまりテレビ草創期においては、「お茶の間」空間を前提とすることで、受動的かつ実体的な「公共」イメージが形成され、それが日本の放送システムの保守性を支えてきたというのです。

しかし、この受動性が単に「空間」に規定されたものだとするならば、既にさまざまなデータから確認してきたように、この「空間」は近年大きく変化をしてきたわけで、その変化とともに「受動性」という性格も変わっていったはずです。実際に片岡俊夫は（『新・放送概論』★81）、「ニューメディア」ブーム

★81　片岡俊夫『新・放送概論』（二〇〇一、日本放送出版協会）日本の放送システムがいかに成立しているかを、それを支える「制度」の側面から丁寧に解説した「放送の教科書」。デジタル化前夜に書かれたものであることを踏まえてみると、今日の状況を考えることに際して、さまざまな示唆を与えてくれる。

を受けた、一九八八年の放送法改正に伴う放送普及基本計画の策定は、日本の放送行政の「受動的」性格を転換すべきチャンスだったと指摘しています。確かにこの時は、「電波の国民への開放」を基本的な理念として周波数割り当てを司る電波法と、「電波の希少性に基づく適正配分」を基本的な理念とする放送法との対立が明らかに意識され、日本の行政が主体的に計画を立てる必要性が生じました。しかし結果を見ると、このチャンスは「受動性」から「能動性」への決定的転換には至りませんでした。この「基本計画」によって、放送行政上の施策の決定は、それまでの電波法の体系に立脚するものから、放送法の体系に立脚するものに移し替えられただけで、根本的な対立性は先送りされたのです。

地上デジタル放送の周知をめぐる問題

その意味で、今日直面するテレビの「デジタル化」は、私たちに与えられた日本的な「公共」（パブリックなるもの）概念の「転換」を議論する機会として、極めて重要な地点と認識すべきでしょう。なにしろここに至るまで、日本の放送制度は、ＮＨＫと民間放送とを、各々「政治」「経済」という、異なるシステムの枠組みに分裂させたまま抱え込み、その矛盾を放置したまま高度に硬直化した体制を守ってきたのです。しかしそれは今日、とりわけ「地上デジタル放送」の導入に際して、私たちには見過ごすことのできない違和感として現れはじめています。

二〇〇三年一二月一日午前一一時。地上デジタル放送の三大都市圏の一部地域でのスタートにあたって、ＮＨＫと民間放送各局は大々的に記念番組を放送しました。これらの番組によってはじめて、それまで水面下で進められてきた作業が、まとまった形で視聴者の前に提示されたのです。ただでさえ理解しづらい技術的な内容や、制度面、そしてこの「新しいインフラ」が私たちと放送の関係をどう変えるかといったテーマを、これらの番組はどのように伝えたのでしょうか。そこには非常に興味深い「放送」と「われわれ」の関係の「現実」が、放送事業者の語りとともに映し出されていました。

ＮＨＫは、通常の地上波枠の記念番組では、セレモニー然とした、権威と観客を媒介する公開型のスタジオが設けられ、デジタル放送枠での記念番組では『ＮＨＫスペシャル』でもよく用いられるヴァーチャル感をイメージさせるような空間が用意されていました。一方民間放送の共同制作番組は、それとは対極的に、おそらくテレビ・モニターが置かれるだろうリビングルームを模した空間に、キャスターとアシスタント（ゲスト）が着席するという、ワイドショー的スタジオ・レイアウトでした。もちろん、中継される記念式典の様子などは同じですが、この二つのスタイルに、まさに「新しいメディア」をどのように伝えようとしているか、その二つのスタンスが表れていたと思います。

ＮＨＫはいかにも公共放送を自認するに相応しく、地上デジタル放送が「子供」「高齢者」と「地方」にどのような「未来」をもたらすかに焦点を当てていました。またセレモニーは新時代の始まりを演出し、多用される各地からの中継は、〝この変化は、いま社会のあちこちで起こっている〟との臨場感を際立たせていました。民間放送枠では、「デジタ・ルカちゃん」なるキャラクターによるわかりやすい解説と、民放自慢の人気女子アナのリレーによるルポ——これもまた「いかにも」な演出なのですが、こうしたキャラクターや身近さを印象づける演出は、複雑なことがらをブラックボックスに入れたまま、生活の中に溶け込ませ「既成事実化」するための常套手段であるともいえます。

この二つの記念番組には、〝新しい時代の訪れへの期待を煽り〟〝それが私たちの生活を便利にすることを印象づける〟という、従来型の「お茶の間的受動性」によって変化への受容を促すための両極の演出がなされていたように思います。しかし、一点だけ、それには回収されないシーンがあったのが強く印象に残りました。それは、アシスタント（ゲスト）役の香坂みゆき（主婦の代表）が、「ルカちゃん」に浴びせた「そもそも、どうしてデジタル化しなくちゃいけないの？」という質問でした。この問いに対する「ルカちゃん」の答えが実に見事で、「携帯とかで、電波が足りなくなってきているの。だからデジタル化することで整理整頓しなくちゃいけないのよ」――地上デジタル放送導入の本質（経済システム的要求）に迫るこのシーンは、「輝かしき、便利な未来像」を提供する番組の中では、やや違和感の残る「ささくれ」のような印象を残します。この僅かばかり姿を現した「議論すべき」アジェンダはその後どのように扱われていくのでしょうか。

二〇〇四年一二月一日、開始二年目の「地上デジタル推進全国会議」★82の総会と記念シンポジウムの会場（赤坂プリンスホテル）では、総会に集まった関係者の、安堵と自信に満ちた表情が印象的でした。それは「アナアナ変換（周波数帯移行の前作業）」が予想以上の速さで進んでいることや、薄型テレビの好調な売れ行きで、受信機能を備えた端末が普及しつつあることなどの、プロジェクトの順調な滑り出しによるものといえます。しかし、シンポジウムで発表される内容は、教育・防災・行政サービスなど「公共セクター」の利用実験の話が中心で、デジタル化によってどんな番組が作られるのか、今のテレビがどう変わるのかが示されない、まるで「通信サービス」の報告会のような内容には、またまた違和感を禁じえませんでした。

二〇〇五年一二月一日は場所をお台場のフジテレビに移して「総会」は開催されました。開始年の「期待」、二年目の「安堵」と打って変わって、正反対

★82 地上デジタル推進全国会議
地上デジタル放送に関わるあらゆる関係者――放送事業者、端末メーカー、流通、広告、行政、自治体、経済団体、消費者団体などが一体となって、その推進を計画的にフォローし、アピールすることを目的として、二〇〇三年五月に設立された。放送開始三年目（二〇〇五年一二月一日）までは、総会を派手なセレモニーとして行っていたが、二〇〇六年以降は「デジタル放送推進のための行動計画」を発表し、支援する以外は、実質的な推進主体は各構成員の実務レベルの活動に移った格好になっている。
http://www.soumu.go.jp/joho_tsusin/dtv/zenkoku/index.html
（行動計画）

の二つの空気が流れていました。インフラ整備はさらに順調に進み、予定通り二〇〇六年中に全都道府県（県庁所在地）での送信体制が整う目処がつきました。しかしその一方で「アナログ放送の停波時期」に関する認知が進んでいない（わずか九・二％）ことが明らかになり、さらには地上デジタル放送対応端末の普及の不安など、「これから」の課題がはっきり浮き彫りになりました。しかしそれ以上に衝撃的だったのは、総会に登壇した竹中総務大臣をはじめ関係各団体の責任者たちが口々に二〇一一年 七月二四日を「Xデー」と呼び、「国策だから、なりふり構わず進めよ」と危機感を煽ったことです。

この時、完全にこのプロジェクトは「夢を見る」段階を終え、主題は送り手から受け手側の環境整備に移りました。それと同時に「国策」ということばが跋扈したことは、何を意味するのでしょうか。おりしも「NHK改革」に関する議論まっさかりのこの時期、「放送」は通信に飲み込まれる危機的状況にありました。こうした状況での最大のリスクは、「国策」の名のもとに施策が煽られ、それによる生活の変化を人々が「想像」できないままに事態が進行していくこと——こういったことは、「放送」の歴史に限らず、過去私たちの社会は何度となく経験してきたことです。

制度を推進する側の、人々の生活実態に対する無関心がその背後にはあります。実際に今、全国の家庭に何台古いテレビ・モニターが生きているのでしょうか。個別視聴を支えてきたこれらの無数の端末の存在を忘れて、薄型大画面モニター一台を家庭に押し込んで「こと足れり」と考えているようでは、おそらく「地上デジタル放送」はテレビ離れを加速するだけでしょう。

ところで翌年から、この「地上デジタル放送」開始日に合わせた大々的なセレモニーは行われなくなり、その一方、「地デジ」の認知を一方向的に促す目的のCMばかりが目立つようになってしまいました。私たちはこの問題について、違和感に気づき議論を始める機会を奪われてしまったのでしょうか。

法整備をめぐる「空隙」の大きさ

二〇〇八年春現在、既に巷には、「二〇一一年アナログ停波は不可能」との見解も流れています。確かに「周知」は二年前に比べるとかなり進んだようですが、肝心の端末普及などの視聴環境の整備の課題や、普及を前提とした「広告」ビジネスの維持に関する課題が、思うように進展していないのが実態のようです。こうした状況に、〝もしかすると「国策」は掛け声だけに終わってしまって、機能していないのでは〟という疑問が首をもたげてきます。

五十数年前の「放送法」制定の経緯については既に触れましたが、もちろん放送に限らず、戦後制定された法の多くが、GHQ 主導のもとに「与えられた」

という性格を有していることは否定できません。このことは戦後の日本人の心性とどのような関係を持っているでしょうか。「放送制度」に関しては、「受動性」を既に顕著な特徴として挙げましたが、それは「社会システム」を築いていくプロセスに、人々が関与の自覚を持っていないという、「社会認識」全体の問題に広げて考えることができます。こうした社会制度に対する「受動性」は、「法」イコール「規制し、罰するもの」と短絡するような理解（あるいは無理解）を簡単に流通させます。この問題は極めて深刻だといえます。

「竹中懇」の提言以来、「放送と通信の融合を前提とした法整備」は規定ラインとして進められるようになっています。二〇〇七年六月、総務省の「通信・放送の総合的な法体系に関する研究会」の中間報告書が発表されました。いよいよ従来の「有線」「無線」「放送」「通信」といった分野を縦割りにした法制度から、それらを一つの包括的な法体系の中に収める「新法」の構想が具体的に提示されたわけですが、この時点でまず話題になったのが有害コンテンツに対する「規制の強化」でした。

そもそも私たちの多くは、現行法では何をもって「放送」と定義されているかすら知りません。その一方で現在は、地上波に加え、BS、CS、ケーブル、そしてさらにインターネットを介して、さまざまな「放送に類似」もしくは「放送から派生」したサービスが増殖しています。そのように考えると、本来は一気に「一括」する法制度を考えるよりも、その前に「放送」を社会的たらしめている技術とオーディエンス、さらには発信される情報内容との関係を整理することが必要なはずです。それをしない限り、「規制」なるものが存在する意味に到達することはできないはずなのです。

法は「規制」の拠り所である以前に、私たちが自ら社会を「創造」していく手がかりになるものでなければいけません。この「新法」に関する朝日新聞の記事（二〇〇七年六月二〇日）では、「不特定多数に情報を送る通信・放送メディアについて、電波かインターネットかといった送信手段ではなく、社会的影響力で分けてコンテンツへの規制を提案」としています。この記事が表す「社会的影響力」が「規制」に直結する発想、「規制が強い順」に体系を整えるという発想は、総務省「研究会」のものか、この記事を書いた記者のものかはわかりませんが、いずれにしても明らかな本末転倒であるといえます。

法を単に「罰を与える根拠」とみなす短絡は、「罰するVS免れる」といった単純な二項対立的思考につながります。こうした思考の特徴は、対立の前提を問わないことにあります。所与の環境の中で〝生き延びる（勝ち抜ける）〟ことだけにイマジネーションを総動員する――ホリエモンたちの思考にも、似たものを感じなくはありません。今、社会を席巻する「勝ち（組）／負け（組）」に拘る傾向も同じではないでしょうか。

こうした二者択一的コード（バイナリコード）は、しばしばあきれるほど簡単に、その軸を逆転させてしまいます。絶大なる人気を誇ったタレントや、お笑い芸人が、いつのまにかバッシングの対象になっていることは珍しくありません。経済人や政治家が、テレビの中でタレント的に扱われる風潮も、こうした「上げて、落とす」メカニズムの中に既に取り込まれていることの証しなのかもしれません。ホリエモンも然り、ＮＨＫ問題に火に油を注いだ海老沢勝二の辞任にも、これまた明らかに単純な「好き・嫌い」のコードが働いていました。こうした判断には、もっぱらその理由は問われずに、外見上「良く／悪く」見えるか、すなわち印象のレベルの「善／悪」のコードが動員されるだけなのです。

バイナリコードを支える「印象」は、ものごとの生成プロセスから排除されたところに生まれる「認識」であるといえます。つまり、それは人々を外部者の位置に止まることを許すのです。外部者はコミュニケーションによって内外の境界を乗り越えることを諦め、「結果」として感覚に刻印されるコードを繰り返し回付すること（あるコードを根拠づけるために、別のコードを用いる——〝なぜ、あなたはこれを「善い」と思うのか〟〝それは「好き」だから〟〝なぜ？〟〝「勝ち」組だから〟……といったように）でしか、出来事に意味を与えることができなくなります。

「情報通信法」と呼ばれる、新しい放送と通信を包括する法律制定の流れは、かつての「放送」を独裁・専制に活用した「戦前」への回帰をイメージさせるようですが、このように考えると決してそうではないことがわかってきます★83。むしろ翼賛が過度の「信託」を築いていったかつての流れとは反対に、〝誰も信任しない〟拒絶のモードが、法制定のベースを動かしているように見えます。情報通信法の問題とはかならずしも直結してはいませんが、『あるある大事典』事件の結果が、現行放送法の改正に口実を与え、番組内容に対する行政介入の可能性を広げてしまったことは、こうした文脈から考えてみる価値のあることだと思います。つまりこのことは、先に上げた「地デジ」において、「国策」が機能しない状況とも通底している——いずれも人々が〝背を向けた〟ところで起こっているできごとなのです。

ところで、情報通信法制定の本質は「規制」にはなく、法体系を、技術をベースとした「コンテンツ」「伝送インフラ」「プラットフォーム」の三つに再編し、放送・通信事業の新規参入の促進などを図ることに目的があるという人もいます。もちろん、それは否定しません。しかしこの分類は、技術と経済の自律性が結託した〝システム自身が自らを再帰的に形作る仕組み〟に見えないこともありません。これに「送り手」も「受け手」もどのように関与していけばいいのか——むしろ社会的コミュニケーションを支えるシステムたる「メディア」は、誰も「関与しない」ところに放置されはじめたのかもしれません。

★83 情報通信法
二〇〇七年六月二〇日、総務省の「通信・放送の総合的な法体系に関する研究会」は、ネットへの対応に遅れが目立つ現行の放送法、電気通信事業法などの規制を転換し、通信・放送法制を新たに策定する「情報通信法」(仮)として一本化することを提案した。具体的な方針としては、特にこれまでのいわゆる「縦割り規律」に基づく通信・放送法体系を抜本的に見直し、情報通信を、機能や求められる役割に即して組みなおすことを中心にするとしている。

2　新しい公共圏にむけて

公共性の概念を読みなおす――ハーバーマス再考

「放送の未来」を考える上で私たちが直面しているこれらの厳しい状況は、逆に言えば、これまでの「放送」を支えてきた「技術」「制度」「視聴者との関係」の各々に関して自明と思われてきたことがらの綻びを気づかせてくれます。「地上デジタル放送」の推進が、かつてのＢＳやＣＡＴＶのような「建て増し」ではなく、基幹放送すなわち「母屋」自体の作り直しであるだけに、それはかえって認識論的にはチャンスであるともいえます。

つまり、こうした状況認識とともに、この一大事業に伴う財源の問題や、事業としての放送をいかに維持するべきかという議論、マス・メディア集中排除原則やハード・ソフト一致の原則★84、さらには民間放送の系列、ＮＨＫの総支局間の体制など、これまでの放送を支えてきた仕組みそのものを再考する機会が与えられているのだ、というポジティブな気分にもなれます。この位置に立つと「放送は捨て去るべき古い仕組み」というＩＴ陣営の感覚も、それ自体が「放送」の自明性の裏返しの意識のようにも見えます。今こそが「放送」の

★84　マス・メディア集中排除原則／ハード・ソフト一致の原則　これまでの日本の放送制度を特徴づけてきた二大原則。マス・メディア集中排除原則は、放送法の定めに従って「放送をすることができる機会をできるだけ多くの者に対し確保することにより、放送による表現の自由ができるだけ多くの者によって享有されるようにする」もので、具体的には放送メディアの寡占化を排するために、同一者による地上波局の株式の所有比率を制限している。ハード・ソフト一致の原則は、放送設備を持つものが番組制作を行うとするもので、この原則によって放送事業者は災害放送等の社会的・責任を果たすことができるとされている。いずれも、放送業界への新規参入を阻害するものとして、新たな放送制度を構想する上で問題視されてきた。

価値を積極的に発見すべき時期だ、とみなすことも可能なのです。

その出発点は、何よりも「送り手―受け手」という、二〇世紀型のメディアを支えてきたコミュニケーションの二項的構図が変化しつつあることと、放送技術の組織化の関係を問うところにあります。「放送」は確かに「送りっ放し」から発したものではありません。しかし、それを制度化し、産業化していった流れや、それを受けとめた人々の態度が固まっていったプロセスは、それを支える技術の「ポジ・ネガ」両面の解釈の積み重ねに支えられてきたと考える必要があるでしょう。そう考えると、花田達朗が言うように、確かに「公共性」は放送の所与の属性などではなく、放送が社会的な位置づけを獲得していく過程において、さまざまな意義を、技術との関係の上に自らに見出してきた結果――いや、むしろ不断の再帰的なプロセスそのものということができます。

ハーバーマスの『公共性の構造転換』を、再読する意義はここにあります。この著作が発表されて(一九六二年)から四〇年以上経ってなお、ここで提示されたÖffentlichkeit(「公共性」もしくは「公共圏」と訳される)という概念が、近代以降の社会構成原理の公準点として参照され続けているのは、その社会組織の構成素である「コミュニケーション」が、どのような環境(とりわけ「メディア圏」)の中で意思疎通的機能を発揮するかという観点が、ある種の普遍性を備えているからだと思います。しかしこの概念は、ハーバーマスが社会に提示して以降、数多くの論争や評価に翻弄されてきました。確かに今日、ハーバーマスは、その徹底した「モダニズム信奉」とともに、やや時代遅れの「極度の理性主義者」と見做される傾向があります。この評価と、彼が投げかけた問題の現在性のギャップは、いったい何を表しているのでしょうか。

この疑問に対しては、一九八九年、アメリカ・ノースカロライナ大学で開かれた『公共性の構造転換』英訳記念シンポジウムでの議論、及び一九九〇年に刊行された『公共性の構造転換』［第二版］に加えられた「序言」の位置づけに関する論争は手掛かりを与えてくれます（クレイグ・キャルホーン編『ハーバーマスと公共圏』に収録されている★85）。言うまでもなくこの年を中心とした数年で、政治的な世界は大きく変化し、東西冷戦構造は崩れます。それまで西側は、実体として存在してきた「共産圏」への対抗的概念として、自らの社会の民主性を「公共なるもの」としてポジティブに措定することが可能でした。しかしここで反射鏡を失った「民主的公共性」は、大戦後初めて「公共」概念を「比較」によらず、自分自身で積極的に規定せざるをえなくなります。

この大きな政治的な変化に先行する一九八〇年代、メディア環境は大きく変化していました。特にヨーロッパでは、それまで維持されてきた「公共放送」の理念が弱体化し、地上波を中心にかたちづくられてきた基幹放送事業体は、組織的にも経営的にも危機に瀕するようになってきたのです。この傾向を

★85　クレイグ・キャルホーン編『ハーバーマスと公共圏』（一九九九、未来社、山本啓＋新田滋訳）
ハーバーマス『公共性の構造転換』英語版出版を記念して、一九八九年に開催されたシンポジウムをベースに、冷戦後の世界の中で「公共圏」を考えるための様々な視点——理論的問題点から実践への適用にむけての課題まで——が交錯する論文集。

後押ししたものとは、規制緩和の流れとともに押し寄せた「商業放送」の台頭と、衛星放送・CATVなどの一般化による「放送の多元化」です。ヨーロッパ的な意味での「公共放送」が存在しないアメリカにおいても、この時期はCATVの躍進によって地上波ネットワークの危機が囁かれ、それまでFCCが支える「規制」によって保たれていた「公共の利益(パブリック・インタレスト)」概念が揺るがされる動きが起こっていました。

『公共性の構造転換』が、一九八九年まで英米圏で翻訳されていなかったという事実から、アメリカやイギリスの「公共」概念が、いかに「経験的」事象と特有の「倫理感」に先導されて自生的に築かれていったかということを知ることができます。それだけに、ここで「ハーバーマス召還」が起こった意義は大きいといえます。見通しの利きにくくなった「経験的」世界と、「理論」との架橋を図ることによって、「公共」概念の行方を見定めたいという関心が、おそらくこのシンポジウム参加者のいずれにも共有されていたのでしょう。

興味深いのは、この場に集った各論者が『公共性の構造転換』に対して、積極的にその可能性を評価する(ガーンナム)ものから、ハーバーマスの理論と経験的状況間の架橋の可能性を断念する論文を提出した(マッカーシー)までさまざまな態度をとったことです。その原因のひとつに、直面する「現実」に対して、『公共性の構造転換』で謳われている内容が、あまりにも抽象的に映ったことがあります。論者たちは、それぞれが関わる具体的な実践課題に、この規範的理念を適用することの困難さに逡巡していたようにも見えます。

この会議の後に出版された『公共性の構造転換』［第二版］では、この状況を踏まえて、一九九〇年代的な政治・経済・文化的コンテクストにこの著作の内容を適応させるための長い「序言」がハーバーマス自身によって書き加えられました。〝初版段階では「社会主義的な民主主義へ」向かうとした一方向的、全体性的な発展図式の影響下にあった〞（邦訳序言 xxvi）という告白がこの中で行われているのは、明らかに東欧共産圏の崩壊という出来事に出会った直後ならではのことでしょう。

また、サブ・カルチャーなどに見られる公共圏の多元的な存在様相や、支配的公共圏からのマイノリティ排除の問題などにかつては言及していなかったことや、彼自身がテレビに代表されるマス・メディアの力を本格的に経験したのは初版が出た後であったことなどの弁明がここに列挙されています。その様子を見ると、さながらこの「序言」は、ハーバーマス自身による思想的な転向「宣言」のようにも読めます。実際、ハーバーマスの思想に前期／後期の断絶があることを主張する論者の中には、この「序言」をその根拠にする者も少なくありません（［第二版］を邦訳した山本啓なども その一人）。

しかし一方でハーバーマスは、この［第二版］出版に当たって本論には一切、の変更も加えていないことも、この「序言」の冒頭に述べています。これだけの状況の変化を踏まえつつ、敢えて本論の修正に手をつけなかったのは、焦点となるÖffentlichkeitという概念を「理念型」、すなわち経験論的類型とは異なる、方法論的スキーマとして構想していたからに他なりません。しかも初版の「序言」では、この概念について「特定時代に固有な類型カテゴリー」として分析することが目標として掲げられていましたが、第二版「序言」においてこれが撤回されています。東欧諸国の政治的状況の激変と、この著作のアメリカでの受容という経験によって、彼自身は時代を超えて「公共圏の構造転換という主題がアクチュアリティをもつ」（序言冒頭より）ことに確信を得たのです。

理念型としての「Öffentlichkeit」

さて、Öffentlichkeitという概念を、この「理念型」たる位相を揺るがさずに、具体的な事象との距離を保ちつつ、現実を認識する手段として機能させる――とは、どのようなアプローチなのでしょうか。ここでは以下の三つの点から検証してみます。

(1) 社会的認識の枠組みとしての「Sphere＝圏」概念

花田達朗は『公共圏という公共空間』で、Strukturwandel der Öffentlichkeit という書名を『公共性の構造転換』と訳すことに疑問を呈し、この語の英訳：Public Sphere を参照しつつ、Sphere＝圏域すなわち「空間概念」として理解すべきであると主張しています。しかしこの花田の問題提起を理解するためにも、まずは「公共（public）」ということばの日常語的解釈の多様さについて触れていく必要があるでしょう。ハーバーマス自身も『公共性の構造転換』の第一章冒頭で、「パブリックなるもの」の諸性格の総称が「公共性」であり、Öffentlichkeit とは意味のレベルが異なっているものとして扱っています。

斎藤純一は『公共性』の序文（「はじめに」）の中で、この諸性格を、(i)「公的（official）」(ii)「共通性（common）」(iii)「公開性（openness）」の三つに分類し、それぞれの語が内包する肯定的・否定的両面性と外延的拮抗関係を整理しています★86。しかしこうした、語感（ことばが指し示す意味領域）の違いの問題は決して日本語に特有のことではありません。英語についても同様で、アプリオリに Öffentlichkeit を Public Sphere の語意に単純に対応づけることはできません。すなわち「公共なるもの」に関連する [Publicness - Public Sphere - Public Space] という語、相互の関係を整理していかないと、単純に Öffentlichkeit の訳語を「公共性」か「公共圏」かの二者択一で議論すること

★86　齋藤純一『公共性』（二〇〇〇、岩波書店）「公共なるもの（Publicness）」という掴みにくい概念は、どのような類似することばの布置の中にあるのかを解く。ハーバーマスの批判からアーレントを手掛かりに、言語的なものに拘束されない、開かれたダイナミックな関係性として、新たにこの概念を構想する。

はできないのです。
「空間概念」は、ある種の「モデル」すなわち理念的な抽象空間から、具体的かつ経験的な「場所」を指し示す場合までの広がりを持っています。花田はH・ルフェーブルの『空間の生産』★87に依拠してこの広がりを理解し、そこに可能態から現実態までの連続性をみますが、この前提がないと「空間概念」は抽象的な意味を失い、単純に個別具体的な「公共の場所」（Public Space）のイメージに引きつけられて利用される危険があります。

ここでは花田の「可能態としての空間」概念を踏まえ、さらにSphereとSpaceの違いを際立たせるために、状態としての「公共性（publicness）」と具体的な場としての「公共の空間（public space）」の中間に位置し、またこの両端との連続性をも保持する（すなわち、両端の解釈も内包しうる）「枠組み」概念としての「公共圏（Public Sphere）」という位置取りを考えてみたいと思います。このことによって「圏(sphere)」という概念の抽象性が浮かび上がり、「理念型」として、認識に働きかける力をもつのです。

この発想の意義は、「Öffentlichkeit＝公共圏の構造転換」という研究が、「ヘーゲルの法哲学」に依拠する若きマルクスらの理論的枠組みの中で構想された「社会認識」の変化を読み取るためのスキーマ（構図）であるということを示しています。すなわちハーバーマスは、「労働―価値」という抽象概念が機能する

★87　H・ルフェーブル『空間の生産』（二〇〇〇、青木書店、斎藤日出治訳）
空間を所与のものではなく、弁証法的実践過程によって「生産されるもの」として考える。「空間的実践（知覚される空間）」「空間の表象（思考される空間）」「表象の空間（生きられる空間）」のトリアーデ（弁証法の三項）は、後にヴァーチャル空間を考える手掛かりとなるE・ソジャの『第三空間』（二〇〇五、青土社、加藤政洋訳）に大きな影響を与える。

経済システムとパラレルに、「コミュニケーション―合意」という概念構成によって政治システムが機能している様子を見出しました。この構図を使えば、マルクスが経済システムに見出したものと基本的に相似形（同じパターン）を次々発見していけます。たとえば「貨幣」に対する「言語」、「資本」に対する「国家権力」も同じ布置にあり、同様に「公共圏」とは「市場」に相同する位置に置くことができます。

(2) モダニズムの非収束性

Öffentlichkeit を、このように「理念型」として――社会認識のための形式的・抽象的なメカニズムの総体、いわゆるシステムの一部を成すものとして理解すると、一般的に「モダニズムの擁護者」と言われるハーバーマス評価も併せて大きく変わらざるを得ません。

この評価は、『公共性の構造転換』で、ハーバーマスがブルジョワによる市民的公共圏の発現にポジティブな意義を見出したことが基点となっています。しかし何故、社会主義的理想を掲げていたハーバーマスが、ブルジョワ的公共圏の在り方を支持するのか――このハーバーマスの態度は、さまざまな混乱を招く要因となっていました。

モダニズムとは何か。一般的にそれは近代資本主義社会を支えてきたイデオロギーであると理解されてきました。社会主義者たちはそれを超克すべきものと見做し、ポスト・モダニストたちは、既に実態として超克されたものと見做してきました。ハーバーマスが自ら「モダニズムの擁護者」であるとわざわざ発言することが、当時の〝ポスト・モダニズム的流行状況〟の中で、彼に「時代遅れ」の烙印が押される呼び水になっていたことは否定できません。しかしこうした「一般通念」に従って評価する限り、『公共圏』概念とモダニズムとの関連は見えてきません。実はこの表面上の「矛盾」は決して矛盾ではないのです。

ハーバーマスはいったいモダニズムをどのように理解していたのでしょうか。その手掛かりは『近代（モデルネ）——未完のプロジェクト』の中にあります★88。彼はこのように言います。「今やモデルンとは、時代精神がアクチュアリティへとたえざる再発的な自己革新をするさまを表現へと客観化するものを意味するようになった」（九頁）。モデルン、すなわち〝現代的な状態〟は、常にラディカル（歴史的な枠組みから自らを断ち切った状態）で、新奇性を求める意識（モデルニテート）に支えられています。これは言い換えれば「今」という瞬間を確認する意識は、「歴史」から自律的に、汎歴史的にある一方で、常に文化的な出来事として歴史的に表出してきたということもできます。「モデルネ」ということばが「近代」という過去を指し示すとともに、「現代」を語ることも

★88 J・ハーバーマス『近代——未完のプロジェクト』（二〇〇〇、岩波学術文庫、三島憲一訳）近代とは特定の時代区分ではなく、ひとつのプロジェクトである。しかもそれは「未完」である——このテーゼから、近代を支えてきた「合理性」「公共性」というコンセプトとは何か、何をつくり出してきたのかを統一ドイツ、新たなナショナリズムなど「実践的」な問題に照らして考える。

できるのは、この二重性に支えられているのです。

ハーバーマスは、アドルノに従って、この意識（「モデルネ」）と「モダニズム」との連続性を認めており、再帰性と自己言及性に支えられた運動概念と理解しています。故に彼は、「モデルネ」を〝未完のプロジェクト〟と呼び、このような決して収束しない「無限」のプロセスこそが、理性本来の在り方であると言います。そうした観点でみると「近代＝モデルネ」をスタティックな時代区分と見做し、それと同時に近代の成立を支えた「理性」をも過去に葬り去ろうとすること自体が「理論理性の物象化的使用」であり、彼の批判の対象となるのです。

ノースカロライナ大学のシンポジウムに参加し、ハーバーマスから積極的な可能性を見出そうとする論考を発表したニコラス・ガーンナムは、比較的適確にこの概念の「動性（ダイナミックな性質）」と、さらにはこの「公共圏」の概念の根底にある理性のアンビヴァレントな性格をも理解したうえで言います。「公共圏のモデルと公共圏をその一部とする民主主義的な政治形態は、古典的な庭園のモデルなのであり、庭師が少しでも手入れを怠るといつでもだめになってしまうような、まだ飼いならされていない自然（運命）の海のなかに飼いならされた断片に過ぎないのである。このモデルを支配する徳は、何の束縛もない幸福の追求というよりも、むしろ禁欲主義なのである」（『ハーバーマスと公共圏』二三八頁）――しかしある意味、ハーバーマスを拒否する人々が共通に訴える、理論的な〝窮屈さ〟はここから来ているのだ、とも言えます。

(3) 多元的な公共圏の輻輳

［第二版］以前のハーバーマスに対する批判の多くは、「公共圏」概念の一元性に向けられていましたが、後にこれは第二版「序言」で自ら弁明がなされ、「公共圏」概念は多元性が認められました。しかし、それにも拘わらず、彼は本論に手を入れることがありませんでした。それは何故なのでしょうか。実はハーバーマスにとって「公共圏」の多元性は、もともと織り込み済みのことだったのではないでしょうか。

そもそもハーバーマスの指摘によれば、一八世紀の政治システムにおけるブルジョワ的公共圏の誕生は、文芸的公共圏を媒介することによって成立しています。その際「流通経済の私有化された圏の利益保護は、小家族的親密圏の土台で成長してきた理念をかりて解釈される」（『公共性の構造転換』七二〜七三頁）。ここに多層的な公共圏の輻輳を見ることができます。つまり「公共圏」を認識のための方法的概念と解釈するならば、それは文芸的・文化的システム、政治的システム、経済的システムといった各々の領域の意味内容の違いを乗り越え、またそのシステムの大小（市民社会〜小家族）をも横断しうる「相似性」＝パターンであり、それによって複数のシステム（たとえば「政治的公共性」と「経済システム」）間の干渉や、それぞれの構成素の代替性を支えるというメカニズムをも理解することが可能になる「媒介的なツール」となります。つまり『構造転換』とは、この干渉の結果生じる、システム間の輻輳のあり方の変化――「メディア圏」の生成変化ということになります。

システムの形式的な相同性は、その開放性を担保するものでもあります。問題は、仲介役を担うシステムが物質的・制度的に固定されたものとして、モダニズムの動性に立ちはだかったときに発生するのではないでしょうか。実はメディアと公共圏の問題はここに立ち現れるのです。つまり社会を構成する諸システムの在り方が転換点を迎えたとき、「公共圏」概念を認識の道具（ツール）として、その抽象性（普遍性）、動性、多元性に注目して、「輻輳」「干渉」の場たるメディアの「あたらしいかたち」を構想する力が「われわれ」にあるかどうかが、ここで問われるのです。

「現れの空間」と公共性

ところがこの著作の範囲では、ハーバーマスはこの点に気がつきながらも、「公共性」の問題を「政治的規範形成」の議論に閉じ込めているかのように見えます。このことが、人々に窮屈な印象を与え、彼自身「極度の理性主義者」「モダニズム擁護者」のレッテルを貼られることにつながったという側面は否定できません。ハーバーマスの理論は、例えここまで見てきたように、「媒介的」「動的」「多層・多元的」に理解しえたとしても、やはりそのまま今日の「メディア圏」の問題に適用するには限界があるようにも思えます。

それには、一九六二年（[第一版]）と一九八九年（[第二版]）と今日の、「政治システム」が置かれた状況の違いが深く関わっているといえます。冷戦が崩壊したこの時期（一九八九年以降の数年）は、最後の「政治の時代」でした。すなわちこの時代の混乱は、「政治」と「経済」の両システム間の拮抗で世界を語ることができる時代の、終焉劇であったのです。

斎藤純一は、先に挙げた『公共性』の中で、ハーバーマスの思想を継承しつつ、その「政治性」の限界を乗り越える概念として、ハンナ・アーレントの〝現れの空間としての公共性〟に注目しています。斎藤は、アーレントの『人間の条件』★89を引用しつつ、ハーバーマスが強調した「言語的」な合意形成プロセスの前提として、その言語を発する主体が、同じ空間に「現れること」が必要であると指摘します。アーレントが言う「現れ」とは、「社会的属性」を超えたところ、ないしは、その属性を支える〝生身の人間としての存在〟が互いに認識可能であることを意味します。

★89　H・アーレント『人間の条件』（一九九四、ちくま学芸文庫、志水速雄訳）
人間の能力を「労働」、「仕事」、「活動」に分類し、現実の人間の生活環境の「条件づけ」と、その環境自体に働きかける人間の全体性とは何かを問う。これを読むとアーレントにとって「公共性」の理論は、今日で言う生政治（バイオ・ポリティクス）の理論と地続きであることがわかる。

アーレントは「社会的属性」が支配する「表象の空間」の人間にとっての「非本来性」を批判します。こうした論調自体には、かつてのマルクス主義の「疎外論」にも似た単純さを感じなくもないのですが、この「社会的属性」(例えば肩書のようなもの)を支えている秩序が、ほとんど「政治」と「経済」という両システムから与えられてきたことを考えると、〝それを超え出たレベルで「公共性」を改めて問うべき〟との問題提起は、極めて今日的であるといえるでしょう。

「政治」と「経済」の対立という構図は、「ことば」と「もの」の対立と言い換えることもできます。しかしフーコーの同名の書(『言葉と物』★90)を参照するならば、この見かけの対立は、認識と表象を連続させるパラダイムの上において解消され、それ自体がその一時代(後期近代、すなわち二〇世紀までの時代)を画す、ひとまわり大きな(「政治」「経済」をともに包み込む)「社会」システムを成していたことに気づかされます。

このレベルを「公共性」の問題が超え出るようになったということは、何を意味しているのでしょうか。それは、「社会的に纏う(政治、経済的)衣装の下」にある〝生身の姿までも〟を「社会」システムの対象として扱わないではいられない(古いことばで言うならば「収奪」ということになるでしょうか……)現代社会の問題が、そこにおいては露になってくるように思います。

★90 M・フーコー『言葉と物——人文科学の考古学』(二〇〇〇、新潮社、渡辺一民+佐々木明訳)

「親しみやすい書名には注意が必要である。本書は「ことば」と「もの」の関係について書かれたものではない。西欧の歴史のなかで、「人間」が「世界」をどのように理解してきたかという認識史:エピステモロジー(科学史・認識論)であり、「ことば」と「もの」の関係、さらにその関係にたいして人間の認識がもつ関係の変容を問題にしているのである」(小林康夫他編『フーコー・ガイドブック』二〇〇六、ちくま学芸文庫、五〇頁の原宏之による解説より)。

齋藤が、アーレントの「公共性論」で提起しているのは「生政治（バイオポリティクス）」――すなわち非言語的な（例えば〝生きることそのもの〟といった身体の問題も含む）領域までもが、政治の領域にあるものとしてみなすべき、というよりもむしろ、それを中心に政治が動くようになる――の問題です。そしてさらにフーコーの現代社会に向けた関心と重ねて論じるのは、その点においてきわめて的確な指摘であると思います。

このことはたとえば教育学の観点から本田由紀が批判する「ハイパー・メリトクラシー化」現象とも結びつきます（『多元化する「能力」と日本社会』★91）。本田は、テストの成績で評価されるような、学力型メリトクラシー（能力主義）に対する見直しの機運が、今日では「創造性」「個性」「コミュニケーション力」と言った十分に定義されない「人間力」「生きる力」的言説の氾濫にすりかえられていっていると分析しています。こうしたキャッチフレーズ然とした〝意味の問われない、穴の開いた概念〟が支配する状況は、皮肉にもかつての学力・学歴主義の陰で「守られていた」、個々人の感情の深部や身体性までを含む人格全体が、今や「収奪」の場においてむき出しに晒されていることを示しているのです。そして言うまでもなく、この〝意味の問われないことば〟の氾濫という点では、今日のメディアをめぐる状況が、まさにそうなっているということを忘れてはいけません。

★91　本田由紀『多元化する「能力」と日本社会――ハイパー・メリトクラシー化のなかで』（二〇〇五、NTT出版）今日、若者に安易に要求する「人間力」等に類する不可思議な概念。そうしたことばの流通の背景に、新たな〈熾烈な〉収奪の構造を見る。この流れに抵抗するには「専門知」に期待すべき、という本田の主張に注目。

アーレントは『人間の条件』では、「労働」「仕事」「活動」という人間の行為の分析から、その十全さを目指した「当為（そうすべきこと）」として、「現れの空間」による「世界」の出現を論じました。しかし、それが意識的に獲得されたものではなく、〝いつのまにか現に「われわれ」の生活がそうなっている〟ということとなると、論ずるべきトーンそれ自体を「反転」させざるをえなくなってきます。

ジョルジョ・アガンベンが言うように「生政治」の問題は極めてアンビヴァレントです。彼の論じる『ホモ・サケル』★92が、現代社会においてリアリティを持つのは、まさにその社会性を失った「剥き出しの生」を露出させた人間が、あらゆる場面で闊歩しているように見えるからで、「生政治」の前景化は、それに〝居直ってしまう〟と、容易に「私的」な身体感覚への後退を許容し、「公共空間」の無効化を推し進める動きに力をかしてしまうことにもなります――というよりも、アーレントの「希望」に反して、今日の「現れの空間」は、まさしくその反対方向にまっしぐらに進んでいるように見えるのです。

「現れの空間」をまさに「現実化」したものが、テレビをはじめとするオーディオ・ヴィジュアル表現をともなったメディアであったことを考えると、そこにハーバーマスの限界とともに、それを乗り越えたかにみえたアーレントの分析の両義性をも理解することができます。身体を中心に置く「生政治」は、生身

★92　G・アガンベン『ホモ・サケル――主権権力と剥き出しの生』（二〇〇七、以文社、高桑和巳訳）
ホモ・サケル（homo sacer 聖なる人間）とは、古代ローマにおけるある種の犯罪者をさすことば。殺害しても罪に問われず、なおかつ生贄にすることを禁じられていた存在――この概念を用いることから、今日の我々の生身の「生」に対してまでも、その干渉領域の拡大を続ける政治権力の問題を問う。臓器移植、生命倫理、生政治など直面する身体の危機を考える手掛かりを与えてくれる。

の人間の感覚全体を「メディア」の対象とし、そのことが「われわれ」の「メディア圏」を、「社会」から「生きられる世界」そのものへと広げました。しかしそれは一方で、一種の疎外状態の常態化として、「世界」の喪失へと向かう道も用意したのです。

多層性・多元性と文化的時空間の張り出し

その道は、人間存在をどうやって「メディア」に預けるかという問題と重なります。テレビ以前の「ことば」を扱っていたメディアから、マルチ・モーダルな（多様な表現モードが共起する）情報を扱いうるものに変化して、「テレビ」は「伝達」から「空間を拡張」することにその中心機能を移しました。その結果、その「メディア圏」はそれを支える組織化した技術の中に「世界」を取り込むことを指向しはじめます。

とはいうものの、テレビのマルチ・モーダル性は、時間を「いま・ここ」（共時・同時性）に切り詰めることによって、空間をヴァーチャルに（まるで「そこ」にいるかのように、あるいは擬似的に）拡張することしかできません。しかもいくら表現モードをマルチに広げたとはいえ、かつてのテレビがアナログ情報処理を前提としていた以上、扱える情報量には限りがありました。「世界」を取り込む期待と限界——そうしたメディア特性は、〝苦肉の策〟として、テレビの中に「擬似的人間」存在を作り出すことになります——それが〝タレント〟という「テレビに住まう人間」です。

タレントの存在は、スタジオの拡張とともに〝テレビの中に〟「世界」を作りはじめます。この変化が一九八〇年代には放送技術の後押しとともに加速し、ネオＴＶ的状況を作り出していくのですが、それは同時に〝テレビの中に〟自律的主体を囲い込むことによる「文化的空間」の張り出し状態を生むことになります。タレントのヴァーチャル性は、それが「情報」を実体（ボディー）としていることを私たちに教えてくれます。こうしたことが起点となってタレントが生み出す「テレビ文化」は、圧縮・裁断可能なものとして、デジタル的な性格をもった技術（初期は、ことばの正確な意味では「デジタル」ではないが）をその中に呼び込んでいきます。かくして「文化」、すなわち日常的記号の振る舞いの習慣的蓄積と自律は加速していきます。

「文化」とは、「政治」（言語活動）にも「経済」（モノの活動）にも還元しきることができない第三の領域をいいます。もちろんその勃興は、かつてフランクフルト学派の面々が批判したように（「文化産業批判」）、経済がこの領域を「商品化」し流通させることから始まりました。それが今日は、「経済」のしがらみを解いて、自らの自律性・再帰性を強化し続けているように思えます。実はハーバーマスが「近代（モデルネ）」の概念に、「文芸的」ボキャブラリーを引用したのは、その動的・再帰的メカニズムの兆しを発見したからかもしれません。

興味深いことに、二〇〇四年は、相次いで「メディア文化」ということばを冠した著作が書店に並びました。例えば吉見俊哉『メディア文化論――メディアを学ぶ人のための15話』、阿部潔＋難波功士編『メディア文化を読み解く技法』、北田暁大『〈意味〉への抗い――メディエーションの文化政治学』★93。これは〝たまたまの出来事〟ではないように思えます。

今日のメディア研究を支える潮流の一つにカルチュラル・スタディーズ（文化研究）があることは多くの人が認めるところでしょう。しかしその革新性が、スチュアート・ホールの思想に支えられていることは、あまり意識されていません。彼が単純な疎外論（喪失―回復のリニアなモデル）に陥らずに、かつては上部構造の位置にあった「文化」を主題とし得たのは、後期資本主義の複雑化する社会の中に「さまざまな要素がくっついたり、はなれたりしている」偶発的な出来事状況を見ていたからであり、それを認識する「ツール」として「節合」(articulation)という概念を導入したからだと考えられます。

「メディア」は、単純にメッセージの伝達を司る「技術装置」であるだけではありません。吉見俊哉は、「メディアは伝達しない」、しかし「横断し」「媒介する」という刺激的なテーゼを立てることによって、文化的カテゴリーとし

★93　阿部潔、難波功士編『メディア文化を読み解く技法』（二〇〇四、世界思想社）、北田暁大『〈意味〉への抗い――メディエーションの文化政治学』（二〇〇四、せりか書房）

既に紹介した吉見俊哉『メディア文化論』とともに、二〇〇四年に出されたメディアと文化の重なり合いを考えるための必読書。阿部＋難波の『技法』も、吉見『文化論』同様、教科書として使われることを意識している。北田の『抗い』は論文集だが、いずれも社会的意味の生成に、「メディア」と「文化」的ファクターがいかに重なりあって機能しているかに照準をあてている。

て「メディアなるもの」が「われわれ」の生活との「関係」を形作ってきたことを訴えかけます。しかも、吉見はカルチュラル・スタディーズに対する狭隘な一般解釈のように、単純にメディアを文化のサブ・カテゴリーとしては見ていません。彼は、ウィリアムズやベンヤミンに依拠しつつ、「文学」研究と「メディア」研究を架橋する性質に注目しています——「メディアとは何らかの外の意味を伝達する媒体というよりも、それ自身が意味を成立させているトポスなのです」(七頁)——この意味を発現させる〝トポス〟としての「メディア」という発見は、意味の場(トポス)である文化に対して、メディアが触媒の機能を担っていることを示しています。つまり「メディア」は、文化の中にありつつ、文化に包まれきってはいないのです。

阿部潔は、「メディア」と「文化」の関係は、私たちの日常においては〝Media in Culture(文化の中のメディア)〟と〝Mediated Culture(メディアに媒介された文化)〟という二面性＝相互規定性をもって現れる(八頁)、といいます。つまり私たちは、「メディア」の圏(sphere)にも、「文化」の圏にも同時に住まう者である——ということになります。例えば文化の圏が前景化している状態の中で、その境界を突き破る現象が「メディア」によってもたらされた時、私たちはそれを「文化的現象」として認識し、逆にメディアに囲まれている状態が意識された状態で、その境界を切り裂いて現れた文化的「出来事」を、私たちは「メディア的現象（対象）」として認識するのです。つまりここでは、メディアからなるシステムと、文化からなるシステムが重なりあって機能しています。

北田暁大の問題意識も、まさにこの点に向けられています。北田が「抗う」〈意味〉とは、解釈の対象としてのそれであり、彼は「送り手─受け手」的構図の中で伝達される〈意味〉の範疇に、メディアの機能を閉じ込めるのに反対しています。しかも、そこで前提とされているのが、「包囲性」の感覚です。「われわれ」はメディアに包囲されているからこそ、言語化された〈意味〉以外の微細な身体的感覚をも、メディアは媒介しうるのです。ここでいう〈意味〉が、いわゆる文化的環境に依存するものだとするならば、やはり彼も文化とメディアの重なりあう構図に気がついたのだといえます。

問題は〈意味〉ということばにどのような定義を与えるかにあります。今日の文化的空間の張り出し（前景化）と、それにも拘わらず〝意味を問われないことば〟が分野を問わず跋扈している状況は、意味や解釈が言語や表象の世界から解き放たれた一方で、「われわれ」の「生」が意味自体からも解放されたという、二重の「解放」がおこった結果なのかもしれません。

この二重性が、これまでたびたび私たちが問題にしてきた「反転」現象を支えてきたのだと考えてみたらどうでしょうか。重なりあいつつも互いに他を部分的にしか包摂することができない関係にある「文化」と「メディア」――しかし、政治的、ないしは経済的に収奪されてしまいきることのない、我々自身の生きる意味の獲得をめぐる「攻防」が、この二つの領域の狭間に生起するのだとするならば、「公共圏」は、まさにこの位置における時・空間の形成の問題として、提起しなおすべきであると考えられます。

しかも今日、前景化している「テレビ文化」の再帰性が、タレントという存在に象徴される疎外的状態の中に生まれたことを考えると、いま私たちがなすべきことは、「公共圏」の多層・多元的可能性を踏まえた上で、それを「人間」の主体的な営みの中に取り返す努力をはじめることではないかと思うのです。

「新しい公共圏」を考える前提

今日私たちが「メディア」に包まれて暮らす状態は、「文化」との関係で言えば、意味の喪失、すなわち〝意味無き意味の充満〟によって、本来互いに包摂しあうことのできない「メディア」と「文化」の緊張関係が無効化する危機に瀕しているといえます。

デジタル・メディアの普及はその意味で、時間と空間を裁断・圧縮、さらには放逐することによって「生きられる世界」の認識を妨げ、そのことによって認識の枠組みとしての「公共性」とそれが機能する「公共圏」の崩落を招きいれているのです。インターネット初期のチャットや2ちゃんねるの「擬似コミュニケーション」は、人々を驚かせました。そうした、〝汎記号的であるがゆえに、もはやなんら「意味」を背負うことがなくなった痕跡だけを、その記号流通のノードと化した「端末市民」の間を回遊させる〟というこれらの新しい現象は、それから十数年を経て、ますますケータイ、「ニコニコ動画」といった「触覚的メディア」を発達させるに至っています。まさにそれは〝空間なきコミュニケーション、時間なきコミュニケーション〟ないしは〝コミュニケーション無き空間、時間〟のマルチ・モーダルな拡張であるといえます。今日既に「コンタクト（接触）」は、メディアと「われわれ」の関係の入口に存在しているのではなく、「コンタクト」が「コミュニケーション」の全てを代替しているかのような仮象に回収され、いよいよ擬似的な「コンタクト」の次元に「意味」が切り詰められてしまったかのように思える状況に至っているのです。

繰り返しますが、こういった状況の中で、「信頼の回復」を虚しく叫ぶ「みなさまのＮＨＫ」の孤高は極まり、民間放送はますますこの後期資本主義社会の中で生き抜くために、「資本化された文化」（これも「文化資本」の反転した姿）の流通網を担う機能への劣化の一途をたどっているように見えます。

今、こうした「メディア圏」の中で私たちが考えねばならないことは、「信頼」のように他者に「意味」を委ねることを可能にするコミュニケーションシステムの構築ではなく、いかにして自分自身から「意味」に接近することができる道、ないしは回路を築いていくか、ではないでしょうか。そう考えた時に、「技術」は別の顔を見せてくれます。「技術」のアンビヴァレンツ（両義性）は、放置していくと自律的に閉じた世界を作り出してしまいますが、反対に「われわれ」の「味方」につけることも可能なのです。

しかしそれはどうやって——それは、すでに二章で取り上げてきたメディア・コンタクトを構成する二つの「営み」——選択と記憶の問題と技術の関係を考えてみることから始まると思います。選択と記憶は「意味」との関係で言えば範列（パラディグム）と連辞（サンタグム）にあたります。意味ある言語（文）が、範列と連辞とから構成されていることを考えると、メディアが言語的なもの以外にその守備範囲を広げている現代では、人間の認識と精神活動に関わる全般の「範列」的な機能、「連辞」的な機能を、新しい「公共圏」議論では、考えていく必要があります。それが選択と記憶であり、この二つの「営み」はそれぞれ、生きられる「時間」と「空間」との関係を構築する行為であるということができます。

選択も記憶も、「分節」「秩序」に支えられています。社会的な規範が急速に失われつつある現代に生きる「われわれ」は、特定の〝与えられ、強いられた枠組み〟から解放された一方で、それを補う「手立て」がいまだに「ない」という中で、右往左往しているように見えます。さらに言えば、デジタル技術が支配的になっていくことで、その「手立て」が整えられている〝かのような相貌〟が作り上げられています。その上、安易にそのイメージが流通することで、問題はますます大きくなっているように思われます。

Web2.0の危険性は、「補う」ことを超えて、選択や記憶を行う人間の主体性を「ユーザー」という客体性・部分的機能にとじこめておきながら、ネットワークへの参画を促すことによって〝損なわれていない〟、むしろ仮想的な人間の総合性・全体性の拡張イメージをつくりだしていることにあります。Googleがやっていることやその創始者たちの「世界観」は、まさにこのことを象徴しているといえます。Googleは、二つの意味で「検索」の概念を変えました。まず複合的な技術によって支えられる「検索の精度」をブラックボックス化し、ユーザーが「検索」に求めるさまざまな価値や欲求を単純なインターフェイスの中に一元化しました。さらにWebページだけに限らず、すべての世界中の情報をWeb上に囲い込むことによって、結果的に「世界」そのものを検索対象にしたのです。

コンピュータ技術を支える思想は、その黎明期からAI（Artificial Intelligence＝人工知能的なもの）と、IA（Intelligence Amplifier＝人間の「知」の増幅に貢献するもの）の対立概念の間を揺れ動いてきました。そう考えると情報技術の進化は、人間の知とシステム的合理性との間の、自律性・主体性をめぐる攻防であり、まさに今、それが佳境に差し掛かっていると認識することができるでしょう★94。

デジタル化に先行するかたちで、パレオＴＶからネオＴＶに変化した「われわれ」の「メディア圏」は、今日さらにポストＴＶの時代へ向かおうとしています。私たちはテレビを長い間単純なメッセージの伝達装置として扱ってきてしまいました。まさにそのことによって私たちは、テレビのマルチ・モーダルな性格を「公共空間」に活かし、昇華させそこなったとえます。今日の「テレビの危機」は、そうしたつけが回ってきたものとみなすこともできるでしょう。

既に「政治」と「経済」の拮抗の中で「公共圏」を構想する時代は終わりました。だからこそ、今「われわれ」は「技術」の自律に任せた「融合」を、ただ傍観者となって放置するのではなく（民間放送とＮＨＫが互いに「生贄役」を押し付けあうのではなく）、一体となって、新しい放送による「公共圏」のために「技術」を活用する方策を考えるべきなのです。

新しい放送と新しいメディア・コンタクト

ここから先は、その具体的なアイディアをいくつか提案していくことにしま

★94 ＡＩ、ＩＡ
ＡＩ（Artificial Intelligence＝人工知能的なもの）と、ＩＡ（Intelligence Amplifier＝人間の「知」の増幅に貢献するもの）は、コンピュータ開発の草創期からの、コンピュータと人間の関係に関する二つの対極的思想。ＡＩの祖としてアラン・チューリング（一九一二～一九五四）、ＩＡの祖としてヴァネヴァー・ブッシュ（一八九〇～一九七四）の名がよくあげられるが、この二つの思想は全くの対立するものではなく、今日のコンピュータの中には複合的に存在していると見ることができる。西垣通編『思想としてのコンピュータ』（一九九七、ＮＴＴ出版）参照。

しょう。それは「放送」とりわけテレビが、デジタル化によってどのような技術を柱に再組織されるのか、そしてそれは事業的に、また制度的にどのようにして維持されていくべきなのかという議論になっていきます。

既に触れたように、二〇一〇年に向けて構想されている「情報通信法」上では、地上デジタル放送が実装するさまざまな技術、そしてテレビに隣接する通信事業による映像流通技術を、いまのところ「コンテンツ」、「伝送インフラ」、「プラットフォーム」の三つの分類で整理することが考えられています。しかしこの三つのカテゴリーは、明らかに「商品流通」を構成する「モノ」「搬送」「取引の場（マーケット）」に対応するものであり、メディア圏と重なりあう「政治」「経済」「文化」の三つの社会システムのうち「経済」システムが突出したものにほかなりません。

この構想を発表した総務省の「通信・放送の総合的な法体系に関する研究会」は、「コンテンツ」を「番組」に、「伝送インフラ」を「通信網・放送設備」に対応させて語っていますが、「プラットフォーム」の機能を「課金・認証」に代表させてイメージしている点に、この「経済」偏重は表れているといえます。ここには、そもそも「メディア」を介して「われわれ」がどのように「意味」を作り出しているのか――「視聴」「情報受容」といったコンタクトの問題が全く考慮されていないのです。

ここで改めて「放送」と「技術」の関係を整理しなおしてみましょう。「放送」というシステムが送り出す制作物が「番組」の名で呼ばれてきたのは、それが媒介する日常世界の、一日二四時間という限定された不可逆の時の流れに従って「編成」されるものだからです。「編成」とはprogramming、すなわち番組の本質は「組み立てられる」ことにあります。放送はその草創期、「時系列の構築」と、中心を周縁に媒介する「空間の架橋」という物理性に従って秩序化され、まさしく二度と訪れない「いま・ここ」を作り出すメディアとしてその枠組みは整えられていったことをまずは忘れてはいけません。

一方、その枠組みの中に納められるものは、いきなりこの整えられた秩序の中に、接続されるべき「異なる時間」を埋め込んでいくという難問を突きつけられることになります。ラジオにおける「録音 - 構成」、さらにテレビにおいて発展する「撮影・録画―編集」といった制作技術は、先行する蓄音機、映画の技術に、限られた時間枠と遠隔送受信という制約を加えることで飛躍的に発展していきます。特にそこでは「いま・ここ」という同時性があくまで基盤を支配し、そこに操作系技術が付け加えられていきました。複数のカメラのスイッチングに始まり、初期の生ドラマへの録画シーンの挿入、さらにはＥＮＧ（取材映像の同時的挿入技術）へとつながる番組制作における時空間編成技術の進化は、今日のテレビの意味空間をつくりあげる本質的技術として構築されてきたものといえます。

しかしながら伝送回路に媒介されるテレビ的情報空間は、「送信」される情報に対応する「受信」側の環境が整わずしては成立しません。この点でとりわけ日本において注目すべきは——テレビ黎明期に受像機が置かれた社会的コンテクストです。正力松太郎の発案といわれる「街頭テレビ」の伝説的プロモーションの陰で忘れられがちですが、第一章の飯田崇雄の指摘にあるように、テレビは何よりも戦後の「生活復興」を担う「家電」のラインナップの一つでした。以降「テレビ番組」の受信技術は、家庭を中心した生活空間における「時間編成」の技術として発展します。一九八〇年代のリモコン、受像機の小型化と個室視聴を経て、到来したビデオによる録画視聴の普及は、「家庭」におけるその成員の生活時間の複雑化——さらにはそれに続く「家庭」の解体——に対応していきます。

伝送、番組制作、そして視聴（情報受容）——デジタル技術は、この三つの基礎技術それぞれのさらなる発展・延長を作り出す役割を果たしています。例えば現在、伝送路開発の中心にある地上デジタル放送技術は、周波数帯の合理化によって、新たな「波」の用途を捻出するとともに、中継技術やワンセグなどに代表される受信端末の多様化など、送り手と受け手を結ぶ回路の機能を抜本的に変化させています。番組制作技術の発展傾向は、この地上デジタル放送へ対応の流れの上に、ハイビジョン制作によって親和性が著しく高くなった放送以外で生まれたデジタル要素技術が流入するという「二層」を成しています。さらにカメラの小型化・高度化は撮影を「熟練の技術」の範疇から引き離すとともに、ミクロな映像や俯瞰・監視技術の進化が「人の目の代理」からその役割を大きく飛躍させています。一方編集の次元では被写体に対する操作の度合いが増し、映像におけるグラフィック要素の重要性が大きく意識され、ＣＧやテンプレート化されたユニットによるインターフェイスの革新が進んできています。

これに対して視聴技術の変化は、主にテレビの世界の外から押し寄せてきました。かつて日常生活においてテレビは映像を独占的に提供してきました。しかしパッケージメディアの普及、家庭用ＰＣの飛躍的機能向上、ブロードバンド化が相俟って、映像の流通環境は決定的に変化し、テレビ番組はこうした数多の映像コンテンツの中で、そのワン・オブ・ゼムの位置にまで格下げされたのです。その流れを決定づけたのはインターネット環境と録画技術（ＨＤＤ録画など）の進化であり、今日の視聴技術はその中で育ってきています。そこでは見ることと操作・加工することがダイレクトに接続しつつある。そしてさらに現在は、急速に進むWeb2.0的「ユーザー志向」技術のヴァリエーションの一つとして、ソースの拡大はアーカイブ化を要求し、メタデータ付与技術をベースとしたインデキシングと★95、検索をベースとした双方向・オンデマンドといった、時間と空間の拘束性の低い視聴の「場」が、コンテンツプラットフォームとして形成されつつあるのです。

このように辿っていくと、「われわれ」の主体的な環境認識、その二大局面たる「選択」「記憶」を支える技術が、新しい「公共圏」のデザインの中核を握ることは明らかでしょう。それはおそらく、これまでの「メディア圏」を拘束していた空間と時間の自由度を高める視聴端末技術と、その拘束（編成）から解かれた新たな番組との出会い方を創造するアーカイブ技術に集約されます。この二つが、デジタル化が進む中で、「放送」の「放送たる」所以を支えるものとして機能していく一方で、「融合」は伝送技術の次元で起こっていく出来事であるというように、議論の焦点が絞られていくことになるでしょう。地上波（無線）で送られようと、有線で送られようと、さらに言えばその回線が光に一本化されていく以上、CATVだろうがNGN（通信事業者たちが構想する次世代ネットワーク）だろうが、そこにおける通信と放送の区別は無意味です。むしろ、放送と通信の違いは、そのやりとりされる情報の創造を支援する装置と、情報を受容する人間との界面（インターフェイス）の二点において際立っていくようになります。

★95　メタデータ、インデキシング
メタデータとは、あるデータを補足するデータのことだが、とりわけ映像や音声をデジタル・データ化して扱う場合、それらの送受信、保存、検索、パーソナライズなどの取り扱いに際してのメタデータの重要性は極めて高いといえる。メタデータを付与し「見出し」を作る作業をインデキシングというが、音声・映像解析技術を用いてこれら一連の作業をどのように自動化、ないしは人手を軽減するための機能を開発するかも、現在の放送のデジタル化における重要な課題である。中路武士「映像インデキシング技術と映像アーカイブ技術」（石田英敬編『知のデジタル・シフト』二〇〇六、弘文堂）参照。

新しい放送の中核を担うアーカイブ

視聴端末技術は、大きく分けると「ワンセグ」「ロケーションフリーTV」★96などのスペースシフトと、見逃した番組の視聴を可能とするオンデマンド（キャッチアップ放送）などのタイムシフト技術の二つが核を握ります。こうした技術は、テレビというメディアに「分節」「秩序」を与えてきた国民的時間、家庭という空間の「準拠枠」を相対化するでしょう。しかし、たとえリアルな時間、空間の拘束から解かれても、「公共性」が「現れ」という他者とともに生きられる時間と空間による意味生成を前提とする以上、その地点との「リンク」（関係づけ）を確保する「核」が必要とされます――それが、アーカイブです。アーカイブは、「選択」と「記憶」の再編を司り、「公共圏」の動的かつ多層・多元的な生成を支える仕組みとして機能します。多少踏み込んだ言い方をするならば、新しいテレビを中心とした「メディア圏」は、その中核にアーカイブを置き、自由度の高いインターフェイスを介して、アクセスの多様性を容認する時空間として生成されるというイメージになります。

そもそも「アーカイブとは何か」という問いは、放送と通信の区別がつきにくくなった現在のメディア状況の中では、極めて重要な位置を占めるものです。それは「ライブラリー」や「データベース」とはどう違うのでしょうか。フーコー

★96　ロケーションフリーTV　ソニーが開発・提唱しているネットワーク対応テレビシステム。無線LANを内蔵した液晶テレビ端末を用いて、テレビ放送を家中、外先、海外などからネットワーク経由で視聴することを可能とする仕組み。

は『知の考古学』のプレオリジナル草稿の中で、次のように定義づけています。「言われたことという出来事に対して、他の出来事との関わりにおいて、資格、価値、特権や役割を与え、同時に共存している他の事物たちの間においては、保存法や使用法、適用の方式、それを眠りこませる様式、再活性化などの様態を与えることで、他の者たちとの共存を位置づけるのだ。こうした実際に実現された言語活動の絶えざる制度化こそ、私がアーカイブとまさしく呼ぼうとするものなのである」(石田英敬訳『知のデジタル・シフト』★97 三二頁より)。

すなわち、フーコーは言説の生産を統御し、統括する〝過去を振り返る制度〟として、アーカイブを構想していたということがわかります。過ぎ去っていく出来事をただ記録し、そこに留め残しておくだけでなく、再び呼び覚まされるときの様態を想定し、「いま」との関係性を構築していくもの——そのように考えていくと、アーカイブ形成の要は、その「秩序」をどのようにデザインしていくかにあることがわかってきます。

近代的なアーカイブの歴史は、一七世紀からはじまります。当然それは、歴史とともに大きくその社会的位置づけを変化させてきました。一七、一八世紀には、近代政治や法律をサポートする役割を国家とともに担い、一九世紀から二〇世紀前半においては、それは「歴史学」との関係において重要な位置を占めることになります。そしてさらにそれは一九九〇年代において大きく変化し

★97 石田英敬編『知のデジタル・シフト』(二〇〇七、弘文堂) コンピュータの〈デジタル・テクノロジー〉がもたらす、人間とその「知」の変容に対する〝危機感〟を主題とした論文集。いま何が起こっているのか——その変化を支える技術の実態と人間の関係——この変容をどのように位置づけるかを考察する——の順で展開される三部構成。拙論「情報機器が生み出す「融合」環境と「広告」の位相」、「インターフェイスとしてのGoogle、ブログ」「融合の微分学」を収録。

ます――それはデジタル化による「パラダイムシフト」です。アーカイブ学の世界的な権威であるエリック・ケラテールは、デジタル文書の知覚可能な特性が「記録とそのコンテクストの内容、形態、構造を、時を超えて再構築可能にすること」に注目します(『入門アーカイブスの世界』★98)。

デジタル技術を用いてアーカイブを構築していくことは、その資料の対象と保存形態の幅を「感覚的にアクセス/受容可能」な範囲までに拡張し、さらにコピーや改変が容易になることによって、そこからの資料の加工、さらには改竄、オリジナルの喪失といったリスクも拡大させ、なによりもハイパーテクスト的な構造を導入することによってその秩序の与え方自体を大きく変貌させるのです。それは、アーカイブを単なるリファレンスの対象から、日常的な認識、思考の道具へと大きく飛躍させることを意味しています。

アーカイブ学なる学問領域は、それはもともと「公文書館」の機能を問うものから発展してきました。したがって、今「われわれ」が、「放送」を考える上で、アーカイブということばを実際に用い、その「番組」の記録をどのように構想していくかを考えることは、「放送」番組を「公文書」すなわち「公共的な」「ドキュメント」としてどのように扱うか、その態度決定と深く関わる問題を背負いこむこととなります。

すなわち「アーカイブ」は、単に番組の保存を可能とする技術的・制度的な

★98　記録管理学会、日本アーカイブズ学会編『入門アーカイブズの世界――記録と記憶を未来に』(二〇〇六、日外アソシエーツ)記録管理学会と日本アーカイブズ学会の各々の機関誌に掲載された翻訳論文を集めた論文集。今日のアーカイブの社会的役割を「公文書館」の歴史と思想を原点として考え、その将来の公共的役割を構想するガイドラインとなる理論書。

イノベーションの課題だけでなく、視聴者とメディアとの新しい関係構築という問題を浮かび上がらせるのです。それは第一に、これまで何度も述べてきたように、テレビ視聴を特徴づけてきた「同時性」が揺らぎ、「編成」という視聴者に同一の生活時間・空間を与える秩序の拘束性が低下することによって、テレビ・メッセージの権力性を支える、「いま・ここ」という世界認識の座標軸が相対化することを前提とします。さらには、メッセージが一方向かつ瞬時に消え去ること（コンテンツが流通しないこと）によって守られてきた「送り手」側のさまざまな「権利」、「利害」は、これまで「受け手」と呼ばれていた人々も含めた社会全体に開かれ、その妥当性が問われることにもなるからです。つまりこのように考えていくと、新しい「放送」の中核にアーカイブを置く必然性は、このデジタル化とともに希薄化していく社会認識の準拠枠たる秩序を新たに構築し、しかもその「構築」それ自体を、〝高い公開性〟の中で実現していく機能が、そこに求められるということを意味しています。

それだけに、技術的要件としては、より遍く「番組」を蓄積する技術と、幅広い視聴者のアクセスを可能にする利用技術の二つ、そしてその連携が極めて重要な位置をしめることになります。蓄積するデータの膨大な量をどのように納めていくかというストレージ技術だけでなく、それをいかに圧縮し、取り出しやすいようにメタデータを与えていくかというインデキシング技術が極めて重要であり、しかもそれがブラックボックス化せず、幅広い利用者自身が、それに参加していく――そこでは視聴技術と保存技術がリンクしていくことが肝要です。

またその技術を広く公開していくにあたって、制度的な整備も欠かせません。いやむしろ、放送と通信の融合を想定した法体系は、この「蓄積」（さまざまな番組をもれなく拠出する）と「利用」（利用者と制作者、さらには被写体となった人々のさまざまな権利と自由を保証する）を支えることを中心に構想すべきなのです（その意味では、現在進められている総務省の新法構想は、旧来の「伝送」を中心としたメディアイメージに、その思考パラダイムが留まってしまっているといえます）。すなわち、「遍く、偏らない」を中心として「公共圏」を築くことを構想してきた「放送」の制度的コンセプトは、デジタル化によってかつて「伝送」次元中心にそれを考えてきた歴史を終え、番組制作と視聴がアーカイブを介して直接結びあう環境の中で、創造と享受の関係を、再び組み立てる段階に踏み出すことになるのです。

アーカイブ型視聴と放送の未来

こうした「新しい放送」に向けた取り組みは、どのように進んでいるのでしょうか。残念ながら日本では、ＮＨＫアーカイブスの構想は、まだ着手されたばかりにすぎず、また残念なことに「放送五〇周年」の記念碑的事業の側面もあって、継続性や発展性が心配されています。それにＮＨＫと民間放送の協力のもとに先行して事業を行ってきた「放送ライブラリー」の活動も、網羅性や公開性に乏しく、アーカイブとしての機能を十分に果たすに至っていません★99。

その点で、フランスのＩＮＡ（フランス国立視聴覚研究所）及びINAthequeの活動は、アーカイブの世界と、放送、デジタル化の出会い、そしてそれが新たな「公共性」の構築に向けた取り組みであるという点において、最も重要な先駆的事例であるということができます。ＩＮＡは一九七四年に、ヨーロッパの放送制度を特徴づけていた国営放送の一局体制から、多チャンネル化、商業化にむけた再編の動きに先駆けて構想されました。当初はアーカイブスだけでなく、さまざまな視聴覚文化の創造に関わる研究を行う機関の期待が委ねられており、その誕生から一九九〇年代にいたるまで、極めて偶然の出来事や、多くのメディア環境の変化にさらされ、翻弄されてきた歴史を持ちます。しかし、一九九五年以降、デジタル化の流れを受け、ＩＮＡは「世界随一の視聴覚アーカイブ・センター」としての道を歩み始めます。

ここでは、十分ページを割いてＩＮＡの独自性、先端性を紹介することはできませんが（詳しくは現所長のエマニュエル・オーグによる詳しい解説書『ＩＮＡ

★99　ＮＨＫアーカイブス、放送ライブラリー
「ＮＨＫアーカイブス」は二〇〇三年二月一日、ＮＨＫが保有する番組や映像を多角的に活用していくための施設として、放送開始五〇周年を機会に、埼玉県川口市のSKIPシティにオープン。膨大な量の映像・音声素材を収蔵し、全国のＮＨＫ各局と専用回線で結び、素材を伝送することにより番組制作へ活用できるようになっているが、「ＮＨＫ番組公開ライブラリー」で視聴可能な番組数は約六千本（二〇〇八年四月現在）。
「放送ライブラリー」は放送法に基づきＮＨＫ、民間放送で放送された番組を収集、保存し、一般に公開する施設として一九九一年、横浜市にオープン。これまでテレビ番組約一万本、テレビＣＭ番組約一五〇〇本、ラジオ番組約二五〇〇本を保存し、これらのうち、約一万二三〇〇本を公開。

――世界最大のデジタル映像アーカイブ』が日本でも出版されています★100)、その特筆すべき点を三つ挙げるとすると以下のようになるでしょう。

(1) 法定納入制度による「納入」の義務化――一九九二年六月制定法により、すべてのテレビ、ラジオ、その他の放送における番組が蓄積されることになり、一九九四年のラジオを皮きりに、一九九五年には地上波テレビの納入も開始され、段階的に「網羅性」の構築を実現してきました。本などの資料を国に納品する制度は、フランスでは一五三七年の「モンペリエの勅令」以来の伝統があり、この法定納入制度もその歴史の上にあります。この点もアーカイブが「公文書館」の延長線にあることを意義づけています。

(2) 組織だった事業運営、利用の公共性、財源の確保――とはいえＩＮＡは、フランス政府の直轄ではなく、独立した「商工業に関与する公営団体」（ＥＰＩ）として組織されたベンチャーで、政府との契約の上で独自の運営がなされています。予算は、その約三分の二が受信料から（とはいえ、その金額は全受信料の二・八％にすぎない）で、残りは公開・有料貸出などの事業収入から得ています。資料の閲覧は、現在約五〇〇〇人を超える登録者（基本的に修士以上の研究者に限定され、面接の上許可が与えられる）については、研究目的での閲覧利用が可能になっているほか、二〇〇六年四月には、Web サイト上での無料閲覧も開始され「万人に開かれたアーカイブ」

★100　Ｅ・オーグ『INA――世界最大のデジタル映像アーカイブ』（二〇〇七、白水社、西兼志訳）ＩＮＡ（フランス国立視聴覚研究所）の設立の経緯と、今日進める様々な事業の紹介。世界最大、最先端のアーカイブが何に、どのようにして支えられているかを、思想、制度、組織、技術など様々な角度から検証する。「アーカイブにアクセスする」という行為が開く、新しい公共性の概念を考えるための重要な一冊。

への道が、また一歩進められました。

(3) デジタル技術を前提としたアーカイブ構築――基本的に、現在の法定納入はすべてデジタルデータによって行われています。約一五〇人のドキュメンタリストが、インデキシング作業を行い、資料の体系化を進めています。また、アクセシビリティや、研究用インターフェイスの開発なども積極的に行われています。

ＩＮＡの先進性には驚くことばかりです。しかし、日本の放送の現状を顧みると、これに手をこまねいていることはできません。こうした特徴からわかるように、アーカイブの構築は、「実現可能なことから」といったように、暫定的・部分的に着手していくことは困難で、包括的な「思想」が支えになって、技術、事業運営、法体系が一貫した構想に基づいてでないと、進めることはできません。

ＩＮＡの取り組みは、単に「放送番組」が「蓄積」される、ないしは「公的」な「文書」の範列の中に「番組」が入るといった意味以上のものがあります。それはその保存・公開対象が、極めて日常的な感覚に基づいた表現形式をもち、日常的な接触（コンタクト）を前提としたドキュメントであるということによって、「アーカイブ」が「リファレンス」以上の機能を担うようになる――アーカイブそれ自体の発展・変化でもあるということなのです。ＩＮＡの現在の最大の課題は、まさに「万人のための」公開性をいかに、その対象である放送番組の「いま・ここ」的性格に従ってかたち作っていくかということにあります。

とすると、今私たちはＩＮＡの先のことを考えはじめるべきでしょう。それは、デジタル・アーカイブを前提とした〝テレビと「われわれ」の関係〟〝視聴を支える時空間環境〟――新しい、メディア・コンタクトの形を考えるということになります。というよりもむしろ、この問題を解決してはじめて、「放送アーカイブ」が形を成し、この機能が中核となる「新しい放送」の姿が立ち現れると言った方がいいかもしれません。

デジタル・アーカイブの確固たる存在は、おそらく「放送」の姿を大きくかえることになるでしょう。またそこでは、「通信」とは異なる「放送」の自律性と、公共圏の生成に不断に寄与する装置としての社会的意義をも明確にされていくことになります。

「放送アーカイブ」を考える上での最も重要なポイントは、そこに収録される「番組」群が、「コンテンツ」として、その制作されたコンテクストから切り離されて、勝手に流通することはないという点にあります。その意味は、放送番組の本質とも大きく関わるものです――これまでも、「番組」は多くのそれに先行する番組や映像資料群との関係の上に「編集」「編成」されてきました。かつてそれは国民的時間、家庭を中心に秩序立てられる空間を参照軸とすることによって、その関係性や位置を知る（もしくは無意識的に享受する）ことができましたが、デジタル化以降は、その軸に頼ることなく、番組間相互の関係を直接メタデータによってたどることが可能になっていきます――というよりも、むしろそのように秩序づけられて、番組は保存されていかなくてはならなくなります。

そうなると、「われわれ」の視聴体験はどのように変わっていくのでしょうか。「われわれ」は、たまたま「偶然」に、ある一つの番組を見るときにも、その番組の背景に、膨大な過去のおなじようなテーマやモチーフをもった番組や映像資料の「地層」があることを意識します。そしてさらに、「今」見ているこの番組も、そのアーカイブに蓄積されていき、現在は徐々に過去の範列に入る時間の流れがそこに意識されていくことになります。つまり「番組」は可能態、潜勢態としてだけでなく、現実に相互参照的なネットワークを成すようになるのです。

さらには、ひとつの番組を〝繰り返し見る〟ということ、また〝全体を見、ときには断片を見る〟といった任意の視聴スタイルが可能になっていきます。そして時には、それらの映像を私的に保存し、視聴者個々人の「記憶」を支えるツールとして「加工」されるということも考えられるでしょう。これは決して「コンテンツ」として映像を私的に消費することとイコールではありません。

他の「番組」「映像」との関係を前提に見るという視聴形態は、「私」を他の可能であるさまざまな視聴、さらには制作とつなげ、「われわれ」の次元に昇華させていくプロセスとして機能していくことになるのです。

メディア・リテラシーの基本的コンセプトとしての「解釈の多様性」への開かれは、これまでのような〝メディア・コンタクトの一回性〟が前提となっていた視聴空間においては、その多様性は「他者」のものであり、それは「想像力」を鍛えていくことによって接近、カバーしていくしか道はありませんでした。「記録」が「想起」を促し、「記憶」を活性化し、それが新たな「選択」を生む——そうしたプロセスを支える技術によって「われわれ」は、その「多様性」を自らの中にも発見し、またそれを社会に敷衍させていくという循環を、「経験」によって獲得していく、すなわち「現勢化」することが可能になるのです。

このことは、「われわれ」と「歴史」との関係をも変えていくことになります。特に、リクールが言ったように、メディアによって開かれてしまった歴史——とりわけ近現代史の解釈の困難さは、現代に生きる「われわれ」の環境認識能力の減退を促してきてしまったように思います。しかし、幸いなことに日本にとってテレビを中心とした「放送」の始まりは、アジア太平洋戦争以降の「われわれ」の時代の始まりでもありました。映像とともに生きた時代の歴史認識を、互いに開かれたコミュニケーションによって不断に生成し、見直し、再構築していく。そのための時空間を「われわれ」の「公共圏」として築いていくために、ある種の「臨界点」ないしは「重大局面」（crisis：クライシス）に達した「放送」は、これから新たに、〝もうひと働き〟すべき方向に踏み出さなくてはならない使命を背負っていると考えます。

あとがき

テレビは、私たちの世代にとってはあたりまえのものであり、反面それゆえに特別の存在です。そうしたアンビヴァレントな思いをはっきりと自覚するようになったのは、それほど昔のことではありません。おそらく、デジタル機器が生活の中に徐々に浸透し、仕事の仕方が変わり、そして周囲の若者たちのテレビとの接し方に、何となく違和感を覚えるようになった――ここ数年のことだと思います。

一九六一年生まれの私は、まさしくテレビの黄金時代に生まれ、テレビとともに少年時代を過ごしました。父が公務員、母が教員で、祖父母とともに三世代で暮らしていた私は、当時の同級生に比べると比較的古いタイプの家庭の中で躾けられたせいか、思い返してみるとさほどテレビまみれになっていたわけではありませんでした。しかし逆にそれだけに、たとえば友達がみんな見ていた番組を見ることができずに何となく寂しい思いをしたり、ある種テレビに対する微妙な想いを抱えたまま、育っていったといえます。

大学卒業後、一九八四年から約一四年半広告会社で働きました。広告会社でも、花形だったテレビの仕事には少し距離があるセクションにいました。当時、業界内では「マス・メディア」の限界がよく囁かれるようになっていました。「大衆」に対抗して「少衆・分衆」という言葉が流行し、セグメンテーションを重視したマーケティング・マネジメントの重要性が叫ばれはじめていました。

インターネットに出会ったのは一九九五年。当時は、約一〇年前から皆が予兆を感じながらもなかなか形を現さない「マスの終焉」が、いよいよ始まるのかと思ったものです。デジタル技術は、先進性や未来イメージを伴って急速に広まっていきました。そしてそれはビジネスマンにとってみれば、新たな市場を開拓する「フロンティア」気分を煽ってくれるものでした。一九九八年、誘われるままに友人たちが作ったインターネットの情報サービス企業の立ち上げに加わりました。

しかし、そこで経験したことは、思い描いていたような未来イメージとはやや異なるものでした。私たちは根深く浸透するマス社会の中で、イメージ通りにビジネス・スキームを進めていくことの息苦しさに苛まれました。経営に行き詰まった私たちは、テレビ局を訪問し、「マス」との連携の中に生き残りをかけましたが、それはうまくいきませんでした——ちょうどブロードバンド時代到来の前夜、二〇〇〇年春のことです。

それから私は、「メディアとは何モノか」を考えることを仕事にするようになりました。たまたまメディアに近いところで働いてきたせいかもしれませんが、ある意味私は、この問いは、現代人が抱え込んだ「自分とは何モノか」とか「自分は、この社会をいかに認識してきたのか」という問いと丁度対称関係にあるものと考えています。これだけたくさんのメディアに日々囲まれ、その変化に翻弄され、またグローバルに広がった「世界」とそれらを介して対峙することを強要されている私たち。そんな私たちにとって、〝メディアに包囲されて生きる人間とは〟とか、〝認識のツールとしてメディアの機能を考える〟とかいった、存在論、認識論的なメディアに対する疑問は、多少距離間の違いはあるにせよ、それぞれの個人史を振り返る中で、ごく自然に共有しうる主題なのではないかと考えるようになったのです。

しかし、そう考えるようになったが故に、その一方で、こうした問いがなかなか立てられない社会状況も気にかかるようになりました。それこそ私たちが、メディアが君臨する環境の中にどっぷり浸っているからなのではないか――〝認識のツール〟であるはずのメディアが、逆に私たちの認識を狭い範囲に閉じ込めるようにして機能しているということを示唆するような現実が、次々と見えてくるようになりました。それはメディアの本性がなせる技なのか、それともたまたま「今」がそうした困難な時期なのか……。

ここ数年で、かつてあれほどまでに力を誇示してきたテレビの社会的ポジションは、明らかに変わりました。次々に報じられる不祥事、人々に広がる不信、そしてテレビ離れ。その一方で、「融合」というこれまた魅惑的な名のもとに放送を呑み込もうと虎視眈眈の通信事業者——こうした対立の構図は、毎日のようにメディア自身の手によって語られるようになっています。しかし私にはこうした日常的思考の背後に、「メディアなるもの」をこのような個別メディア間のパワーゲーム的文脈の中に閉じ込めてしまう、何か特別な力が働いているように思えたのです。

メディアに囲まれた日常的思考の「中」から、どうやってメディアの存在と「われわれ」の関係を捉える方法を得たらよいのでしょうか。その手始めとして、まずこうした違和感を覚えるようになった、ここ数年——とりわけデジタル技術の浸透が、社会的にも強く意識され始めた過去五年間に起こったテレビに関する事件や出来事と、その間に実施された調査を読みなおし、それらの関係を整理していくことから、この問題を考えることにしました。

私が大学に所属することになった二〇〇三年は、奇しくも「地上デジタル放送」の開始年であっただけでなく、「放送開始五〇周年」でもあり、また「視聴率操作事件」が起こった年でもありました。その後、ホリエモンによるメディア買収騒動や一連のＮＨＫ問題など、この年を起点に「放送」を取り巻く環境は一気に慌ただしく動きはじめます。ちょうど「放送」と「デジタル・メディア」の関係を考え始めていた私は、目の前で起こっているこうした「事件」や

「出来事」を、自分の中で少し整理がつき始めていた「理論」や「思想」をつかってどのように解釈できるか――その頃、初めての単著『閉じつつ開かれる世界――メディア研究の方法序説』(勁草書房、二〇〇四年)をやっと書きあげた頃だけに、新たにチャレンジをしたくなったのです。

そういう思考の変遷から、この本は出来上がりました。もともとは二〇〇三年から二〇〇八年三月までに、さまざまなところに発表した「放送」や「デジタル・メディア」に関するいくつもの論文、評論、エッセイ、コラムなどが素材になっています。それらをもとに、それぞれに思い切って加筆・修正を施して、バラバラな文体を統一し、一つのコンテクストに「合体」させて新たに書き起こしたものがこの本です。入門者や実践者に向けて、特にわかりやすさに留意したつもりです。専門的な用語や文献紹介はすべて脚注にまわし、一つひとつの項目を解説・コラムとしても読めるようにしてみました。以下は、その素材の主なものです。

●「視聴率問題が提起する、メディアと産業の新しい関係」(『月刊民放』第三四巻二号、二〇〇四年二月)
●「地上デジタル放送〝を〟いかに伝えるか――記念番組の意図を検証する」(未発表、一時Webサイトに掲載、二〇〇四年二月)

●「メディアと公共性の原理の現在――パブリック・システムとしての放送を再考する」（『マス・コミュニケーション研究』六五号、二〇〇四年七月）

●「メディア・カルチャーとメディア・リテラシー――包囲性・多数性・〈意味〉の拡張」（『神奈川大学評論』第四九号、二〇〇四年一二月）

●「社会システムにおける公共性とメディアの位置――放送とインターネットの本当の関係」（『月刊民放』第三五巻五号、二〇〇五年五月）

●「バラエティ化する日常世界――「いま・ここ」にあるヴァーチャル・リアリティの記述方法」（ＮＨＫ放送文化研究所編『放送メディア研究』第三号、二〇〇五年六月）

●「クラス化とメディア、そして広告の関係」（『ＡＵＲＡ』第一七三号、フジテレビ編成制作局調査部発行、二〇〇五年一〇月）

●「ケータイというメディア――「融合」の微分学」（日本記号学会編『新記号学叢書　セミオトポス２　ケータイ研究の最前線』慶応義塾大学出版会、二〇〇五年一二月）

●「情報機器が生み出す『融合』環境と『広告』の位相」「インターフェイスとしてのGoogle、ブログ――『ユーザー』という概念を巡って」「融合の微分学――端末市民論再考」（石田英敬編『知のデジタル・シフト』弘文堂、二〇〇六年一二月）

●「「デジタル社会と『テレビ』の位置」企画意図」＋インタビュー三編（NHK放送文化研究所編『放送メディア研究』第四号、二〇〇七年三月）
●「テレビと技術――テレビジョン分析の現在」「記録と記憶――〝ヒロシマ〟を巡る諸問題」（日本記号学会編『新記号学叢書　セミオトポス4　テレビジョン解体』慶応義塾大学出版会、二〇〇七年五月）
●「もう一度「テレビ」を！」（『望星』四六三号、東海大学出版会、二〇〇八年二月）
●連載「見聞録」（共同通信から全国地方紙に配信、二〇〇五年一月～二〇〇八年三月）
●連載「視射」（東海大学新聞、二〇〇六年四月～二〇〇八年三月）
●連載「デジタル・シフトする広告環境」（『広告月報』朝日新聞社広告局、二〇〇六年九月～二〇〇七年三月）
●連載「デジタル・ニュースの歩き方」（『広告月報』朝日新聞社広告局、二〇〇七年四月～二〇〇八年三月）

この作業は、少し大げさにいえば、私たち自身と私たちが生きる情報環境との関係を、コンタクト（接触）次元から問い直す、根源的かつ実践的なアプローチであり、それは社会システムとしてメディアをリ・デザインし、「われわれ」の手にメディアを取り戻すための仕事に結びつくものと考えています。一つの本にするにあたって、アクロバティックな処理をしている部分も少なくはありませ ん。あくまで「チャレンジ」であることをお許しいただき、放送現場の現実、理論の扱い方、日常生活実感といったさまざまな立場から、是非ご意見をお聞かせいただきたいと思っています。

あえて私は、この本でメディアの現実を論じるにあたって、自分の立ち位置を明確に打ち出すのを恐れないことにしようと考えました。既におわかりのように、この本は「放送を擁護する」立場で書かれています。私は、きわめて天の邪鬼な性格で――これは理論的な立場ではなく、ごくナイーブな「性格のレベル」の問題としてですが、みんながこぞって群がる方向には、敢えて行きたくないと感じてしまう人間です。今日、ＩＴバブルはとっくに過ぎたはずなのに、それでも神話的に「デジタル」に陶酔する人々が跋扈し、一方で「テレビ・バッシング」を子供ですら口にするような日常の中で、どうしても流行りの「Web2.0論」に便乗した物言いはしたくなかったのです。

既に冒頭に書きましたように、私のようなテレビ世代の子供たちは、多かれ少なかれテレビと自分の個人史を重ねて考える傾向があります。だからこそ「マーケティング的な」というか、〝現在を絶対化し、あまりに簡単に過去を捨てる思考〟に、大事な「テレビ」を晒したくなかった――「誰もまだきちんと、放送は二〇世紀に何をしてきたのか、総括してないのに、どうしてそんなにあっさりと〝捨て去るべき過去のもの〟扱いができるのか」――そんな思いから、少しきちんと抵抗をしてみたかったのです。

最後に、この本の「原材料」に当たる出来事や調査、「下ごしらえ」に当たる論考・短文に関連してお世話になったすべての皆さま、特にまだ錬りきった段階ではない草稿に目を通しくださり、数々の有益な示唆を与えてくださった小林直毅さん、井田美恵子さん、白石信子さん、加島卓さん、そしてこうした「仮説的論考」を世に出すチャンスを与えてくださったせりか書房の船橋純一郎さんに、心からの感謝を申し上げます。

著者紹介

水島久光（みずしま・ひさみつ）

1961年、東京生まれ。広告会社、インターネット企業に2001年まで勤務。

2003年、東京大学大学院情報学環・学際情報学府修士課程修了。

現在、東海大学文学部広報メディア学科教授。メディア論、現代思想、情報記号論。

著書『閉じつつ開かれる世界——メディア研究の方法序説』（2004、勁草書房）、『知のデジタル・シフト』（共著、2006、弘文堂）ほか。

テレビジョン・クライシス——視聴率・デジタル化・公共圏

2008年5月30日　第1刷発行

著　者　水島久光
発行者　船橋純一郎
発行所　株式会社 せりか書房
　　　　東京都千代田区猿楽町 1-3-11 大津ビル 1F
　　　　電話 03-3291-4676　振替 00150-6-143601　http://www.serica.co.jp
印　刷　信毎書籍印刷株式会社

ⓒ 2008 Printed in Japan
ISBN978-4-7967-0282-9